"地 球"系 列

SWAMP

# 沼泽

[英] 安东尼·威尔逊◎著

高　绮◎译

上海科学技术文献出版社
Shanghai Scientific and Technological Literature Press

**图书在版编目（CIP）数据**

沼泽／（英）安东尼·威尔逊著；高绮译．一上海：上海
科学技术文献出版社，2024
ISBN 978-7-5439-9014-2

Ⅰ.①沼…　Ⅱ.①安…②高…　Ⅲ.①沼泽化地—普及
读物　Ⅳ.①P931.7-49

中国国家版本馆CIP数据核字(2024)第048835号

**Swamp**

*Swamp* by Anthony Wilson was first published by Reaktion Books in the Earth
series, London, UK, 2017. Copyright © Anthony Wilson 2017

Copyright in the Chinese language translation (Simplified character rights only) ©
2024 Shanghai Scientific & Technological Literature Press

图字：09-2020-503

选题策划：张　树　　　　责任编辑：姜　曼
助理编辑：仲书怡　　　　封面设计：留白文化

---

沼　泽
ZHAOZE
[英]安东尼·威尔逊　著　　　高　绮　译
出版发行：上海科学技术文献出版社
地　　址：上海市长乐路746号
邮政编码：200040
经　　销：全国新华书店
印　　刷：商务印书馆上海印刷有限公司
开　　本：890mm×1240mm　1/32
印　　张：5.875
字　　数：108 000
版　　次：2024年4月第1版　2024年4月第1次印刷
书　　号：ISBN 978-7-5439-9014-2
定　　价：58.00元
http://www.sstlp.com

# 目　录

# 绪论：未知领域

什么是沼泽？

这个问题看似简单，回答起来却十分困难。由于沼泽自身的属性，它总是难以简单分类。它们因大陆而异，因文化而异。在一些地方，它们是原始或史前的幸存者；而在另一些地方，则是有序世界中的混乱地带。

在科学分类方面，沼泽很容易被定义。它基本上是树木茂密的湿地，主要依靠树木的存在和密度来区别泥塘或泥沼。"湿地"一词产生于 20 世纪 50 年代。这个术语看似简单，但是它在一定程度上是为了回应一个世纪以来湿地的统称——"沼泽"——带来的负面含义。沼泽、泥沼、泥塘可能会让人联想到不同的形象，但在历史上，它们更多的是主观经验的术语，而不是精确客观的分类，在这些术语中，"沼泽"的用法最广泛、最多样。

在我们完全接受开篇问题中主观方面之前，让我们先考虑一下科学和客观方面。沼泽无疑是湿地的一个类别，而湿地在某种程度上更容易得到明确的定义。"湿地"是一个具有包容性的名词，它包含了多种生态系统和环境。沼泽在本质上介于两种自然体之间，是积水和土壤、陆地和水体的混合物。它们可能是永久性或季节性的积水，如沼泽、泥塘、泛滥平原、泥潭等。

　　面积最大且最重要的三类湿地往往属于"沼泽"的综合范畴，包括沼泽本身、泥沼和泥塘。沼泽位于过度湿润地带，以木本植物，尤以树木为特征。沼泽分为淡水沼泽和咸水沼泽，前者一般位于内陆，后者位于沿海地区。除南极洲外，各大洲均有沼泽分布，其面积从微小的、偏远的过度湿润地带到巨大的盆地、三角洲等。

　　底格里斯河和幼发拉底河之间的新月沃土就包含沼泽。这里的沼泽是著名的淡水沼泽，生物多样性丰富，是人类文明的发源地之一。沼泽为早期人类狩猎提供了丰富的野生动物，以及便于旅行和耕地的通航水道。马丹人或称沼泽阿拉伯人，在沼泽中生活了数千年，饲养牛，用芦苇建造岛屿。

　　美国南部拥有许多著名的淡水沼泽。南方沼泽中最著名的也许是大迪斯莫尔沼泽，它坐落于弗吉尼亚州和卡罗来纳州北部，占地5 000多平方千米。包含泥塘和泥沼在内的巨大的沼泽镶嵌在林海之中，德拉蒙德湖为白杨、松树、雪松、枫树和秃头柏树所环绕。迪斯莫尔沼泽的美丽与凶险受到画家和诗人赞美，并以传奇和民间故事的形式纪念；从某种意义来说，它已成为典型的北美沼泽。迪斯莫尔沼泽是众多野生动物的家园，这里有鹿、水獭、浣熊和狐狸等，也有罕见的熊和山猫。沼泽

中爬行动物和两栖动物数量众多，种类繁多：20 多种蛇与乌龟、蝾螈、蜥蜴、青蛙、鳄鱼一起生活。这里还有 200 多种鸟类。迪斯莫尔沼泽因清洁的水域、丰富的植被以及多样的陆生生境和水生生境而充满生气。

美国另一个独特的湿地系统在路易斯安那州，其沼泽、河口等面积超过 3.5 万平方千米，虽然它们受到威胁不断缩小，但仍占美国湿地面积的 10% 以上。

多节的柏树膝盖从阿查法拉亚盆地的水域上伸出，里面生活着黑熊、美洲狮和狐狸，以及像老鼠一样的海狸鼠。巨大的鳄鱼与王蛇等蛇类、龟共存，但也许路易斯安那州沼泽臭名昭著的"居民"是鳄鱼本身，它们赋予沼泽魅力和凶险。路易斯安那州沼泽的鸟类有鹗、大蓝鹭、大白鹭，当然还有路易斯安那州的洲鸟鹈鹕。淡水沼泽为各物种提供了住所和养料。

与此相反，咸水沼泽位于沿海地区，通常处于热带气候，经常出现在被潮水淹没的地区，红树林等树木形成了根网，上面堆积着沙子和土壤。沿海沼泽为许多海洋生物提供了庇护，并成为鱼类、贝类和蟹类等物种的产卵区。沿海沼泽还吸引了各种各样的鸟类，这些鸟类以丰富的鱼类为食，用自己的粪便给土壤施肥。

草本沼泽以草、芦苇和其他草本植物为主。与木本沼泽一样，也有内陆与沿海、淡水与咸水沼泽之分。沿海沼泽具有重要的生态意义：沿海沼泽还能延缓盐水入侵，防止海水渗入地下水，污染内陆淡水。沼泽滋养了

盆地中的美洲鳄，拍摄于 2007 年 6 月

大量的昆虫，同时，昆虫又为各种鸟类提供食物，并为各种水生生物提供庇护所和食物。内陆沼泽通常位于湖泊和河流的附近，从季节性积水的草地到巨大的沼泽群，如佛罗里达大沼泽地，也被称为"绿草之河"。实际上，大沼泽地是一条水流缓慢的巨大河流，为许多鸟类、两栖动物、爬行动物和哺乳动物提供了居所和食物。博茨瓦纳的奥卡万戈三角洲被誉为"卡拉哈里明珠"，是世界上最大的淡水沼泽，为大象和长颈鹿以及河马、鳄鱼等

提供淡水，是各种野生动物的栖息地。

泥炭沼泽是第三种沼泽类型，它与木本沼泽和草本沼泽不同，但由于其水陆混合的特点，往往被认为是这两类沼泽的同义词。淡水湿地是在较凉爽的环境中形成的，几个世纪以来，随着水体逐渐充满，鲜活的或腐烂的植物、泥炭藓和其他植被使泥炭层增厚，沼泽中部凸起，最终形成了泥炭沼泽。颤沼是泥炭沼泽的一个类型。因苔藓和植被在池塘或其他水体的表面形成了半米到一米厚的草甸，人走在上面时，其表面会略微收缩和反弹而得名。其他类型的沼泽有覆盖大片不同景观的毛毯沼泽、沼泽表面布满

科科德里沼泽的日出

实心岛的串状沼泽，以及呈穹顶形状的隆起沼泽。

　　或许泥炭沼泽没有像奥卡万戈三角洲或迪斯莫尔沼泽有众多野生动物，但实际上它们也有一定的生物。泥炭沼泽是各类昆虫的家园，同时，这些昆虫又供养着各种两栖动物和鸟类。此类沼泽中生长着蔓越莓和其他浆果，虽然很少有大型陆地动物生活在其中，但驼鹿和水

非洲西南部博茨瓦纳的奥卡万戈三角洲（奥卡万戈草原），是非洲七大自然奇观之一

8

獭等动物也经常来此觅食。

泥炭沼泽最有趣的特征是泥炭的形成，它是腐烂的苔藓等植被发展成煤的一个中间步骤。泥炭可以被开采并通过燃烧获取能量。在俄罗斯、英伦三岛和斯堪的纳维亚半岛，泥炭沼泽作为能源使用已有数百年的历史。泥炭沼泽还可以固碳，吸收二氧化碳，避免二氧化碳进入大气层，加剧全球变暖。开发或开采泥炭，会破坏沼泽，释放出碳，对环境造成重大影响。泥炭沼泽广泛分布在北纬地区：爱尔兰超过 17% 的土地现在或曾经是泥炭沼泽；加拿大的泥炭沼泽占全国土地的 18%；英国的占 6%。

如果我们将"沼泽"的概念扩大到各种湿地，那这一术语就会变得更具包容性。大迪斯莫尔沼泽和路易斯安那沼泽或多或少地体现了西方人对"沼泽"一词的想象，而瓦休甘沼泽代表着北半球最大的单一沼泽，它并非位于某个闷热的南部环境，而是在西伯利亚。大瓦休甘沼泽约占世界泥炭沼泽的 2%，这里生长着松树、云杉、雪松、冷杉和桦树。大瓦休甘沼泽的平均温度为 −1.1 ℃，但夏季温度可达十几度。虽然相比于其他沼泽，在相对寒冷的大瓦休甘沼泽中栖息的两栖动物和爬行动物种类较少，但也有近 200 种鸟类和哺乳动物栖息于此，如山猫、紫貂、棕熊和麋鹿等大小不一的动物。

世界各地分布着大大小小的沼泽，在南美有巨大的潘塔纳尔沼泽系统，在印度尼西亚孙德尔本斯有红树林

美丽的蓝眼皇家孟加拉白虎在水漠湖中畅游

**西伯利亚瓦休甘沼泽**

森林沼泽。沼泽从一个几乎被遗忘的时代顽强地生存下来。如果严格按照现行的、公认的科学术语来定义沼泽，那么即便沼泽不是无处不在，也分布在世界各地，有着丰富的动植物资源。

由于历史和文化背景的不同，我们或将沼泽视为湿地的一个特定子集，或将其视为潮湿或湿润地区的总称。然而，本书的重要思想是，直到最近，"沼泽"本质上还是一个不精确的术语，适用于不容易归类为土地或水，陆地或水体的空间。《牛津英语词典》对沼泽的定义是："一块积水的低洼地面；一块潮湿的海绵地面；草本沼泽或泥炭沼泽。早期该词只在北美殖民地使用，指一片肥沃的土壤，有树木和其他植被生长，但因过于潮湿而不适合耕种。"在北美殖民地，英国移民面对的是在自己的国度已经基本消失的荒野，他们没有术语来描述这些地

水豚鼠在巴西潘塔纳
尔沼泽地很常见

方，不得不用"沼泽"和"荒凉"来描述这片荒野之地。人们普遍认为与沼泽有关的词语可以与"沼泽"互换，这一现象就清晰地体现出沼泽本身的不确定性。

当然，《罗杰斯同义词词典》更多地反映了语言的使用方式，而不是规定，它列出了沼泽有以下同义词：沼泽、沉积物、湿地、低地沼泽、河边低地、沼泽、泥泞、青苔沼泽地、泥炭沼泽、圩田、沼泽地。这些术语让我们在不同地方进行虚拟之旅："fen"可能会让人想到新（或旧）英格兰；"muskeg"则让人联想到美国阿拉斯加和加拿大北部等更冷、更北的地方；"moor"可能会让人联想到英国的乡村，而泥炭沼泽则可能让人联想到爱尔兰。这些都与路易斯安那州或弗吉尼亚州闷热的、苔藓丛生的沼泽相去甚远。有时，本书会对沼泽进行一些精确的处理，坚持其具体和适当的定义；在适当的时候，"沼泽"一词将超越具体的沼泽之义，扩大到大面积的湿地。

在我们抛开《罗杰斯同义词词典》之前，先来看一下列表中含义丰富的术语："泥潭""泥淖""泥泞地""泥坑"，这些词语衬托了风景如画的"大沼泽地"和"沼泽"的出现。出于字母顺序的巧合，这一列表的词语意外地有种诗意，带着我们游览了各种类型的沼泽、与沼泽相关的各种比喻和人们对沼泽不同的情感态度。我们在沼泽和沉积物中徘徊，在河边低地中停留，在泥淖和

**德国吕讷堡石楠草原的沼泽**

泥泞地中摸索，最后以"沼泽地"这个包罗万象的名词结束。沼泽曾意味着并将继续意味着这些东西，甚至更多，并且仍然是一个迷人的矛盾空间。

界定沼泽不仅仅是一个语义上的技术问题。随着人们逐渐认识到沼泽的生态重要性和脆弱性，沼泽保护使湿地到底是什么的法律问题成为一个紧迫的现实问题。法律上的定义可能很复杂，也很有争议。某一地方是否为沼泽很可能取决于其自身价值和开发潜力。例如，确定一个特定的地方在法律上是否为沼泽，可能会决定它是受到保护还是被排干、填平和铺平，至少在对保护湿地有法律规定的国家是这样。一个半世纪以前，在美国，从法律上界定沼泽意味着确定哪些土地可以排水，以提高生产力和改善公众健康状况，并成为争论的焦点。例如，19世纪中叶美国议员在思考如何实施《沼泽地法案》时——该法案将联邦拥有的沼泽地移交给各州，以鼓励其排水和开发——他们发现各州对"沼泽"的定义大不相同。一位来自新罕布什尔州的参议员抱怨法案措辞不断改变沼泽地的定义："没有任何证据可以确定这些土地是什么。法案中没有给出任何标准，整个定义是不严谨的、不精确的、不确定的！"

"沼泽"和"湿地"这两个词的交替使用生动地反映了人们对这些地区的矛盾心理和态度变化。在历史上，沼泽一直是黑暗、危险，甚至疾病发源的地方，充满了奇怪又危险的野兽，拥有自然力量与超自然力量。除野蛮人或绝望者外，所有的人都会避开沼泽。直到最近，人们普遍以文明和进步的名义将沼泽视为需要解决的问题以及需要清理和排水的区域。湿地对生命至关重要。湿地清洁和过滤水，孕育生命，提供天然防洪保障和维持海岸线。它们被想象和描绘成纯洁的天堂，没有受到人类进步的影响，而居住在其中的人往往被描绘成高贵的原住民或原始、衰落文化的守护者。这些自相矛盾的描述往往相互交织，以符合它们所描述的土地的混合性与模糊性。

原始的、神秘的、与文明对立的沼泽是令人望而生畏的地方。沼泽是最荒凉的、最难以掌握和开垦的地方，人们对沼泽的态度很大程度上反映了他们对整个自然的态度。这些态度即使不是自相矛盾的，也往往是存在冲

**欧洲的一座沼泽岛**

突的。

纵观历史，人们常认为沼泽是邪恶的、可恶的。人们认为，沼泽向空气中呼出污浊的气体，散发着携带传染病的瘴气，这种传染病是由腐烂引起的。很长一段时间，人们认为疟疾——正如它的名字在意大利语中是"坏空气"的意思——源于沼泽自身的气体，直到一位名叫阿尔方斯·拉维兰的科学家将其真正的病因追溯到寄生虫疟原虫（依靠沼泽地区的蚊蝇传播）身上，才得以消除误解。长期以来，各种迷信和传说将沼泽与魔鬼、女巫和超自然的恐怖现象联系在一起，人们只要呼吸到沼泽周围的空气就会中毒。

然而，具有讽刺意味的是，沼泽实际上是净化器，而不是污染者。沼泽可以过滤水中的污染物。事实上，大迪斯莫尔沼泽的水格外纯净：单宁通过树皮渗入水中，把水染成了琥珀色，这有效地防止了细菌的滋生。在制冷技术出现之前，水手们就随身携带着一桶桶沼泽水，说它很健康，甚至很神奇。

沼泽一直是可怕的、凶险的，无论是实际意义还是象征意义。沼泽阻碍人类定居和文明进步，威胁社会秩序。沼泽曾是毒蛇、鳄龟等动物的栖息地，也是难民、罪犯、逃亡奴隶和社会弃儿的避难所。在民间故事和传说中，这里充斥着女巫、鬼魂和怪物，有时这里甚至被称为"魔鬼的领地"。

关于沼泽的想象从未完全消失，并给当代沼泽地注

乌龟与鳄鱼共享一根
木头

入了神秘的力量，但 19 世纪以来，越来越令人信服的证据出现，人们开始认为沼泽是脆弱的、受到威胁和濒临灭绝的。在自然与文明的零和博弈中，面对进步，牧区沼泽总是在缩小。关于沼泽，我们可以肯定沼泽曾经比现在更加广泛和富饶。特别是 20 世纪，由于气候变化和人类开发与排水，沼泽被迅速破坏。可悲的是，世界沼泽面临的现实威胁无处不在，而且还在不断增加。路易斯安那州的沿海沼泽正在以惊人的速度消失，甚至像奥卡万戈三角洲和巴西潘塔纳尔这样人烟稀少的地区也受

路易斯安那州贝努伊特湾附近大雾弥漫的冬日早晨，1992 年 12 月

到城市化和开发的威胁。沼泽岌岌可危：英格兰 75% 以上的泥炭沼泽因开发而遭到破坏。沼泽往往是濒危动物的栖息地，瓦休甘沼泽是许多濒危鸟类的家园；地处孟加拉国和印度之间的孙德尔本斯，老虎面临着严重的生存威胁。在许多地方，曾经看似凶险和顽强的沼泽现在需要通过法律和习俗才得以保护，但它们仍面临人为和自然的威胁。

与沼泽对立的思考方式会受到道德谴责。沼泽居民时常受到批评，称其懒惰、散漫，满足于靠土地生活，而不是掌握和开垦土地。在更极端的情况下，人们认为沼泽居民身上有着沼泽的野性，并为其贴上野蛮人的标签。如何评价这种野性，再一次取决于人们的视角。

沼泽一直充满了悖论，这也许特别适合它。随着沼泽对立面的引入，之前人们对沼泽的定义并没有消失；相反，这些定义与其对立面共存——在沼泽的客观世界和文化世界中，它们像现实与梦幻一般混杂在一起。人们对这些不确定的、模糊的、狭小的地方进行排水和保护，认为沼泽是邪恶、野蛮和瘟疫滋生地，以及纯洁、原始和未被污染的净土。沼泽能够过滤水源，控制洪水，滋养野生动物（它们种类繁多，有时也会对人类构成威胁）。

沼泽一直都具有颠覆性，抵触统治、排灌、开垦；

鸟类在巴西潘塔纳尔
湿地觅食

巴西潘塔纳尔湿地边
的美洲豹

显然，文化对沼泽的态度标志着人们对自然的态度。本
书不仅将沼泽视为物质实体，而且将其视为一种观念。
换句话说，要理解沼泽，不仅要了解它们是什么，还要
了解它们的意义——它们在不同时期、对不同的人意味
着什么。这就是沼泽的魅力所在。

# 1. 沼泽为家：沼泽居民

> 在乌尔的宫殿建成前，人们就从这样的房子里走出来，划着独木舟去芦苇荡里打猎……五千年来，他们的生活模式几乎没有改变。
>
> ——威福瑞·塞西格

有人说，伊甸园就在沼泽里。

历史学家努力寻找西方传统故事中所说的人类诞生地，这常常指向苏美尔南部，即伊拉克南部的沼泽地。此外，苏美尔和古巴比伦的创世传说让人联想到一个从混沌的沼泽中产生的世界。《埃努玛·埃立什》是一首史诗，源于古老的苏美尔传说，大约在公元前 2000 年被抄录，它认为世界起源于善神与恶神、秩序神与混沌神之间的斗争。马杜克又名伊利尔，是古巴比伦万神殿的主神，他击溃了混沌大军中的龙和蛇，创造了天空、星星，天地就此诞生。20 世纪中叶，记者兼旅行作家加文·杨曾与伊拉克的沼泽阿拉伯人一起生活过几年，他将马杜克创造世界与沼泽阿拉伯人建造湿地家园直接联系起来，

"'马杜克在水面上建造了一个芦苇台，然后创造了尘土，并把尘土撒在台子周围'——总之，这就是今天的马丹人（沼泽阿拉伯人）建造人工岛屿的方式，他们在这些岛屿上建造芦苇房子"。无论我们是否接受西方传统故事或其他神话起源故事，显然，人类文明始于湿地，并最终诞生于湿地。

在传统意义上，沼泽更多的与人类的缺席有关，而不是与人类文明的起源相关。由于人们对沼泽存在偏见，因而当得知世界上许多文明起源和发展在沼泽附近时，感到惊叹不已。从亚历山大大帝时代的马其顿沼泽到马里的尼日尔三角洲，从蓬蒂内沼泽旁的罗马到荷兰，沼泽都见证了世界各地文明的诞生和发展。新月沃土位于底格里斯河和幼发拉底河之间，以丰富的淡水沼泽为特征，拥有丰富的物种。新月沃土被公认为人类文明的摇篮之一：基础技术发展的早期证据多来自这一地区。考古学家对世界各地的"沼泽"进行调查，发现了人们在木本沼泽、草本沼泽、低地沼泽和泥炭沼泽及其边缘定居的证据，定居的历史可追溯到史前。

早期人们可能出于各种原因在沼泽附近定居。沼泽附近农业的优势在于它提供了相对适宜的生存条件。木本沼泽和草本沼泽有丰富的野生动物资源和肥沃的土地，为早期人类提供了食物。在陆路出行普及之前，人们可以通过航道乘船轻松旅行。泥炭沼泽可耕地少，出行不便，却提供了燃料和建筑材料（人类定居的两个基本要素）。沼泽自然资源丰富，极富吸引力，因此人们能在沼泽边缘形成聚落。

考古学家在世界各地发现了史前沼泽聚落的证据。日本加茂聚落提供的证据，证明史前时代一群狩猎采集者生活在沼泽边缘，捕猎鹿、水獭和野猪等。

对于那些冒险进入深处定居的人来说，沼泽也提供了保护。考古学家在世界各地都发现了这种受保护的聚落遗址。考古学家在新西兰发现了多个毛利要塞遗址，这是一种经常与山顶环境联系在一起的堡垒，也适用于沼泽和峡谷地区。这些堡垒用砾石和岩石填充部分掩埋的桩基形成地基，并用栅栏围住四周，它们通常只能乘船到达。堡垒具有防御功能，周围有锋利的水下木桩，可以使粗心的人翻船，显然在奥特亚罗瓦整个史前时代都在使用这些木桩。

由于在遗址中发现了大量的信息，我们能够了解到许多关于早期人类的生活情况。从考古学的角度来看，这些遗址非常重要，因为木材、布匹，甚至是（特别是）尸体可以在泥炭和泥浆中保存，这在其他环境中是不可能的。世界上虽然有许多古人并不生活在沼泽，他们也将木本沼泽、泥炭泥沼和草本沼泽作为墓地。像佛罗里达州的温都华这样的古墓地表明，早期的美洲原住民以这种方式使用沼泽可以追溯到公元前 5000 年。在温都华，人们用草垫子包裹住尸体，然后浸入池塘中，用木桩将其固定在池塘底部。池塘里充满了泥炭，尸体就

巴西的潘塔纳尔沼泽

芬兰多伦国家公园，
沼泽上的湿泥炭

这样被保存了下来。这样的遗址以及欧洲西北部的泥炭
沼泽中出土了大量人类遗骸，说明很可能因为沼泽具有
潜在的防腐性，所以世界上许多地方的人将沼泽当作
墓地。

　　沼泽遗骸是一种独特的现象，不可思议的是，它可
以让人瞥见遥远的过去。1773 年人们第一次发现沼泽遗
骸，而第一张沼泽遗骸的照片是在 1871 年拍摄的。各种
因素的独特组合，包括温度、土壤中的泥炭所产生的酸，
以及对空气和可能以身体为食的有机体的隔绝，赋予了
沼泽泥炭惊人的防腐性能。研究人员发现温都华出土的
遗骸 7 000 多年来一直保存完好，包括皮肤、衣服、脑部
物质、牙齿，甚至胃内残渣。欧洲许多遗址中出土过沼

泽遗骸。著名的格劳巴勒男尸发现于丹麦日德兰格劳巴勒村的泥炭沼泽中，他出生于公元前3世纪，其尸骨保存得相当完好。另一具出生于公元前4世纪的沼泽遗骸（图伦男子）也在日德兰被发现。他与格劳巴勒男尸都在20世纪50年代出土，其软组织、衣服和内脏都保存完好。在英格兰西北部林道沼泽附近的另一个泥炭沼泽中，出土了两具著名的沼泽尸体——首先是1983年出土的林道女尸，然后是1984年出土的林道男子，因此林道沼泽被称为"皮特沼泽"。这类沼泽尸体提供了大量历史信息，但也产生了一些谜团。许多沼泽遗骸显示出大量的暴力迹象。他们的喉咙被割断，脖子上绑着绳索，尸体上有着其他故意伤害的迹象，这也许是仪式化的暴力。这些暴力死亡暗示的黑暗往往会增加沼泽周围的邪恶、神秘气氛。

湿地考古发现还表明，一些地方的人将湿地视为圣地。法国泉池底部出土了伽罗-罗马时代的神像。新西兰、芬兰和爱尔兰等地的遗址出土了许多史前珍宝，它们有力地表明，人们为安抚或吸引与湿地有关的神明而献祭世俗物品。

随着技术的发展，人们更加能够控制自然环境，选择留下湿地，或将其排干或清理干净。甚至人类学家斯图尔特·麦克莱恩总结欧洲历史时，将其描述为"一场旷日持久的斗争，围绕着贫瘠积水的广袤土地而展开，划分着欧洲各个国家的边界"。

在世界大多数地方，人类与湿地的关系是通过农业和技术的发展而改变的。人们在危险的沼泽上建立道路，连接一座座岛屿；将灌溉和排水系统引入沼泽，世界各地都发现了古人根据自己的需要对沼泽进行改造和重新利用的遗迹。在青铜器时代的英国，人们居住在沿海沼泽地，依靠沼泽农业和从咸水中提取的盐分生存，但到了铁器时代，大多数人已经向内陆迁移。荷兰人已经掌握了湿地农业技术，因此他们在沿海湿地的居住时间更长。事实上，荷兰人征服了湿地，也导致了湿地快速消失。在研究从新石器时代早期到铁器时代末期的沿海湿地居民时，通常会采用一种模式：湿地居民从依靠土地馈赠为生，转向培育和改造土地，以更好地满足自身需求。随着居民的技术更加专业化和复杂化，他们通常会进一步向内陆迁移；随着他们更加善于征服土地，他们对自然环境的依赖性就会变得越来越少。

在古代，许多城市和城镇建在靠近沼泽的地方。无论从实际关注的问题，还是从关于文明本质的哲学观念来看，临近沼泽而居有利也有弊。古希腊人和古罗马人崇尚秩序，喜欢观赏人类征服开发后的风景。

那么，沼泽（湿地）则从根本上冒犯了这种理想。维特鲁威和科卢梅拉等古典作家在古籍中劝人们不要在瘴气弥漫的沼泽（湿地）附近定居，原因众多，包括沼泽（湿地）中蛇虫众多、潮湿使东西易腐化。然而，拉

现代人行步道，古树矗立在森林沼泽（湿地）中，阳光透过树梢落下

文纳、亚历山大港、阿格里真托、巴比伦、锡拉丘兹，甚至古罗马都是在沼泽（湿地）旁崛起的，这些城市由于沼泽（湿地）的防御性而享有一定的地形优势。在整个人类历史上，人们对沼泽（湿地）都怀着极大的矛盾心理。

　　虽然沼泽无处不在，而且经常邻近城市地区，但沼泽的原始联想在很大程度上来自它们不利于耕种和开发。大多数情况下，即使不是原住民，"沼泽人"也明显不如其他人"发达"。从某种意义上，这种说法可能有些片面，但它往往反映了"沼泽人"面临的残酷现实，他们能够获得的医疗、教育和当代技术机会有限。因为大多数沼泽文化没有文字记载，所以人们对他们的理解不可避免地来自外界的观点。这些外来者可能是游客或新来者，也可能是其后人，他们从殖民者或游客的角度看待沼泽居民，试图寻找已经消失或正在消失的文化传统，将真正的文化传统与怀旧情绪相融合。正如人们会以无数种方式看待、建构和解释沼泽一样，人们对待沼泽居民亦是如此。沼泽居民被浪漫化和妖魔化，被尊重和被蔑视，被描绘成善良淳朴的典范和危险的野蛮人，他们一直存在于主流文化的边缘，并常常成为主流文化投射价值观、人格化恐惧和创造历史的屏幕。

　　毫无疑问，在其他人离开沼泽之后，仍留在沼泽的人一直被打上某些烙印。居住在沼泽附近的人被认为普遍落后、不勤奋，因此，长期以来受到其他人的诋毁。古罗马自然学家和历史学家普林尼在 1 世纪说，荷兰和德国沿海沼泽的居民是"可悲的人"，他们生活在被淹没的沼泽中，就像"许多遇难的人"一样。普林尼哀叹，即使这些悲惨的人并不认为罗马人的征服对他们来说是一种解救和救赎，他们并没有心存感激——而在普林尼看来，这显然是将他们从野蛮中拯救出来。19世纪，英国历史学家约翰·洛思罗普·莫特利在他的著作《荷兰共和国的兴起》中，明确地叙述了现在的荷兰王国是如何从生活在土丘上的食鱼族逐渐发展起来的，"他们像海狸一样在几乎流动的土壤上堆起土丘"。外来者对"沼泽人"的反应不可避免地表明了他们对原始人的态度，而且这种态度往往两极分化，或诋毁"野蛮人"或抬高纯洁、纯净的沼泽人。"沼泽人"很少为自己写作或发声（至少要等到他们基本融入现代世界之后，沼泽文化才能在对话中确立自己的地位），那些想要了解沼泽文化的人必须习惯这些偏见，而这些偏见却影响了外来者撰写其历史。本章将探讨过去和现在的各种沼泽居民，同时研究沼泽景观和其文化的交织关系。这些故事主要取决于他们与所谓的"外部世界"的接触程度以及接触的性质，而"外部世界"的人往往有意区别于保守的、受保护的文化。

虽然绝大多数"沼泽人"被迫或有选择地融入现代世界，但仍有少数与世隔绝的人生活在沼泽中，他们的生活方式与史前部落大致相同。巴布亚新几内亚是地球上为数不多的未知地区之一，这里居住着许多分散的小型部落，其中一些部落与外界的接触很少。森林沼泽约占该地区陆地总面积的三分之一，这些沼泽中仍然存在着部落，他们以独特的方式生活。最偏远的部落以狩猎采集为生，有些部落甚至没有使用金属工具，仍在使用

贡拜部落两名男子坐
在巴布亚新几内亚树
屋的露台上

石斧和竹质器具。但是，他们已经找到绝佳的方法来适应沼泽环境，以满足自身需求。

大多数人认为，该地区的部落将沼泽视为避风港，以躲避居马林德·阿纳姆猎头部落。该部落战士令人望而生畏，荷兰殖民者以他们的名字命名了当地的两条河流：摩尔德河，意为"杀人者"；涂德斯雷格河，意为"屠杀者"。

不同于当时居住在沼泽中的大多数部落，厌战又弱小的部落逃到沼泽中寻求保护和避难。英国探险家、地质学家和著名生存学家、《极端生存：冰雪、丛林、沙地和沼泽》的作者尼克·米德尔顿以外来者的眼光描述了偏远的沼泽环境。

直到20世纪，外来者才开始认真地探索新几内亚的内陆，慢慢地揭开神秘的面纱，瞥见这个仍然处在史前生活的世界。这是故事书中的内容：一片处女地，住着极乐鸟和手持弓箭的人，他们的文化以狩猎仪式为中心。在外界看来，新几内亚是"美女与野兽"的缩影。

米德尔顿描述了居住在沼泽地的两个部落相互接触的故事，他们都以独特的方式适应环境。热比村位于沼泽中心，人们通过草丛在水面上形成的浮垫，来创建自己的岛屿。热比人最初可能是受到猎头部落的威胁而被迫进入沼泽，但他们现在拒绝传教士和政府提出的迁往高处的建议和要求，选择在沼泽中生活。甚至在20世纪70年代，政府在沼泽的中心地带以外为上游的热比人建造了一个全新的村庄，政府工作人员认为猎头的威胁已经成为过去，人们可以开始接受更现代的生活方式，或者至少是不那么艰苦和孤立的生活方式。可是，几年内几乎所有的村民又都回到了沼泽地。

米德尔顿对热比村的看法与许多外来探险家的看法相似，认为沼泽人的生活方式自史前以来几乎没有变化。虽然他毫不掩饰蚊子成群的可怕和沼泽鳄鱼的危险，但他认为风景如画的热比浮岛是"热带威尼斯，拥有许多椰子树和独木舟……"。最出人意料的是，他认为热比村是沼泽中的小天堂。

居住在巴布亚新几内亚沼泽地的另一个部落贡拜制定了一种非常不同的战略来应对沼泽环境。这个狩猎采集者部落住在离地数米高的树屋里。贡拜部落安全地栖息在树上，躲避了险恶的沼泽、成群的蚊子和沼泽中的闷热。在微风的吹拂（冷却）下，这些小木屋很容易抵御入侵者，因为人们可以轻易拉起允许进入的攀爬杆。贡拜人和热比人的生活方式几百年来基本没有改变，人们也能借此看到在技术排水和驯服沼泽之前，古人是如何与沼泽互动的。

但是，我们了解的事实表明这些人的生活方式受到了威胁。近几年来，关于贡拜人的杂志和电视报道不断。根据尼克·米德尔顿的作品，广播公司制作了一个冒险旅行系列节目，引起了国际关注。巴布亚新几内亚的森林和沼泽，就像所有地方的森林和沼泽一样，正在被破坏。编年史家称沼泽文化具有纯洁性、利他主义和未受破坏的特点，虽然迄今为止沼泽在很大程度上保护了这些文化，但"沼泽人"最终可能面临着文化转型。

在北美殖民地，文化冲突决定了居住在沼泽地的土著部落的命运。欧洲殖民者对荒野感到恐惧，他们常常将"野蛮"的北美原住民与沼泽联系在一起。观察家受到一些言论的影响，这些言论始于"山丘上的城市"这一观点，它将"野蛮人"与咆哮的荒野联系在一起，认为对于被野蛮定义的人来说，最狂野的景观将是最自然的家园。当然，北美原住民对自然的态度与这种观点截然不同。事实上，殖民时代之前和殖民时代早期的北美原住民最有可能将自己视为自然的基本组成部分，而不是注定或被命令征服自然。虽然这存在本质的区别，但事实上大多数北美原住民对沼泽的态度更加微妙，至少在弗吉尼亚印第安人中，沼泽地并不是完全没有特例或污名。弗吉尼亚州的一位部长于1689年写了一份报告，描述了天堂和地狱的景象，它与弗吉尼亚州的风景相关，耐人寻味。善良的人去了一个遥远的地方，"那里没有酷暑，没有严寒，也没有暴风雨，但天空永远是清澈宁静的"，而邪恶的人在沼泽中徘徊。

许多美洲原住民在南方湿地看到的是机会，而不是痛苦。在更南边的佛罗里达州，像卡卢萨这样的部落在大沼泽地（佛罗里达州南部广阔的热带湿地）中找到了自由。这些部落从湿地丰富的资源中获取食物，而不需要投入大量的时间或精力去辛勤耕种和发展农业。有证据表明，这些部落在消失之前，创造了非凡的艺术作品和工程，他们的消失主要是由于1900年天花和鼠疫等欧洲流行病的传入。这些外来疾病的肆虐绝不仅限于居住在沼泽地的美洲原住民，它们还颠覆了沼泽本身充斥着毒气和瘟疫的观点。

在人们的想象中，与佛罗里达沼泽联系最紧密的部落是塞米诺尔人部落。他们取代了佛罗里达沼泽地中的卡卢萨人。塞米诺尔人部落是由佛罗里达美洲原住民和

印第安人在沼泽中骑马偷袭西班牙人

其他部落组成的一个部落，其中大部分人来自马斯科基部落，在 18 世纪末至 19 世纪初的印第安人战争中，塞米诺尔人被迫从佐治亚州和亚拉巴马州南下。塞米诺尔人的名字本身就说明了他们反对欧洲人入侵。"塞米诺尔人"是从西班牙语"逃居山野的奴隶"或"自由人"一词发展来的，是指抵制统治和被驱逐的群体。在大众的想象中，塞米诺尔人或被妖魔化或被浪漫化，无论好坏，都与沼泽联系在一起。

人们对塞米诺尔人最初的态度反映了早期人们对沼泽的实际态度。塞米诺尔人生活在未被驯化的佛罗里达州沼泽，里面有荒野、危险和勇士。在欧洲人的想象中，他们与沼泽有着密不可分的关系。19 世纪 50 年代末，塞米诺尔战争结束后，塞米诺尔人成了异类，他们的人数无法确定，有人声称他们几乎消失了，也有人声称 1 500 多名塞米诺尔人潜伏在佛罗里达大沼泽地。边境的封锁，使北美失去了部分重要的神话色彩，佛罗里达沼泽中剩余的荒野成为流行文化中的"边疆"。无人知晓、无法量化和不屈不挠的沼泽地居住着拥有相同特征的印第安人。用沼泽替代边界，令人十分信服。如《水牛比尔故事》等西部文学将西部的危险移植到佛罗里达州的沼泽地，把塞米诺尔人描绘成邪恶的野蛮人，他们把囚犯作为祭品喂给鳄鱼。

除了这种描述，还存在一种极富影响力的描述。浪漫主义以其拯救和赞美自然世界的愿景，为北美原住民带来了新的象征意义。虽然对北美原住民的主流描述往往陷于恐惧和妖魔化的模式中，但浪漫主义的到来引入了另一种观点，用高贵代替堕落，用伊甸园的亚当代替魔鬼。詹姆斯·费尼莫尔·库珀等作家定义了一种美国式英雄气概，将传统的欧洲价值观与美洲原住民的习俗、服饰以及一定程度上的生态意识融合在一起。著名的自然学家威廉·巴特姆所展示的佛罗里达州塞米诺尔人的形象，有助于在文学和大众想象中界定美洲印第安人。

巴特姆在描写美国原住民时，采用一种将印第安人描绘成邪恶野蛮人截然不同的态度。巴特姆对塞米诺尔人自然伦理的称赞得到 19 世纪人类学家的一致认可，这些人类学家专注于将塞米诺尔人作为动荡不安的迅速城市化的原住民的替代者。巴特姆在他的作品中一直在赞美自然，他打破了将沼泽居民污名化为懒惰的传统，赞美塞米诺尔人在沼泽地的生活：

> "这片幽静的人间净土是多么幸福的存在啊！这真是个乐园，在这里，游走的塞米诺尔人，逍遥自在……他在这里躺着，在气味芬芳的樟树荫下休息，他那青翠的沙发由神灵守护着；自由女神和缪斯女神用智慧和勇气激励着他，而温和的西风使他入睡。"

巴特伦的哲学倾向无疑使他把居住在沼泽的塞米诺尔人的生活条件浪漫化，毕竟他们主要是在违背自己意愿的情况下被驱赶到沼泽地的，在 1815 年印第安人开始迁徙后，塞米诺尔人生活在抵抗区，利用沼泽地作为保护屏障，抵御外来入侵。另外，虽然沼泽十分富饶，但把塞米诺尔人描述成生活奢侈是不准确的。不过，正如克莱·麦考利在 1884 年的一份报告中指出，肥沃的南佛罗里达州沼泽土壤和温和的冬季足以使他们摆脱对未来（至少对农作物而言）的焦虑。

> "我的印象是……他们并不想要种植足够多的作物，以备将来之需。但是，由于他们的地一年四个

奥西奥拉，塞米诺尔
人领袖，约 1842 年，
石版画

季度都可耕作，并为他们提供特殊的食物供给，因
此他们的随性行为并没有带来严重的后果。"

对于那些热衷于在迅速发展的现代化世界中寻找纯
粹、天真的人来说，这种远离烦恼的自由很容易被夸大
为与自然和谐相处的自给自足。

内战后的几十年里，塞米诺尔人的其他形象出现了。
有些美国人接受了塞米诺尔人领袖奥西奥拉的故事，传

说中他的黑人妻子受到白人的奴役，因此他变成了"忠
于自由和憎恨奴隶制的代表"。最终，塞米诺尔人的形象
（英勇抵抗征服的化身）被彻底接受。对于大多数美国人
来说，塞米诺尔人让人想起佛罗里达州立大学橄榄球头
盔上的卡通形象。早在 20 世纪初，对塞米诺尔人的描述
就带有浓厚的怀旧色彩，因为"濒临消失的印第安人"
具有怀旧意义，特别是对于那些认为社会变革来得太快
的美国人来说……这些土著人的历史被想象成美国土著
历史的"原始"范例，他们的消失成为美国历史上令人
心痛的终章。

这种演变大致反映了沼泽地的演变：随着实际危险
的消失，人们对沼泽地进行了重新构想、修复、赞美、
商品化和最终向沼泽致敬。1925 年，查尔斯·W. 史密斯
在《纽约时报》上发表的一篇文章中，表达了对塞米诺
尔人未来的思考。"每一个孩子出生，就会有五个年龄较
大的孩子消失在'天空之国'。很快他们就会从这片土地
上消失。但这些人会昂首阔步地走，认为自己从未被征
服过。"

当然，并非所有沼泽居民都是土著人。

从 15 世纪到 20 世纪，美国的沼泽居民一直有污名。
由于古老的迷信和刻板的印象，沼泽通常被视为一个烂
摊子，因此人们自然会置疑沼泽居民的价值观和美德。
约翰·伦道夫（拥有自己的沼泽）生活在弗吉尼亚州，
公开反对佛罗里达州作为奴隶州加入联邦，他认为佛罗

埃弗格莱兹沼
泽保护区

里达州是一片沼泽，是一片有青蛙、鳄鱼和蚊子的土地。伦道夫补充说，"一个男人……不会移民到佛罗里达……不，不是，佛罗里达州本身就是地狱！"

　　英国女演员范妮·肯布尔在《佐治亚种植园居住日记》中记录了她访问美国南方期间的事，无情地抨击了生活在荒原和沼泽中的移民：

　　"这些可悲的人不会为自己的生计而劳动，因为他们是白人（在这里劳动只属于黑人和奴隶）……他们的食物主要是靠射杀野禽，以及从近处的种植

园的耕地里偷来的。他们衣衫褴褛，邋遢又凶恶，实在令人害怕。"

　　沼泽地的移民受到附近居住者更为严厉的批评。威廉·伯德二世是一位典型的绅士，他画出了一条穿越大迪斯莫尔沼泽中心地带的分界线，抨击了"笨蛋（他对生活在沼泽中懒惰且散漫的移民的称呼）"，这些人靠容易得到的自然馈赠为生。伯德在他的《弗吉尼亚州和北卡罗来纳州分界线史》中指出：

"混日子……哎，那个地方太常见了。然而，事实上，懒惰的恶习比女人更容易感染的是男人。最后，纺纱、织布和编织，都是靠女人的双手，而她们的丈夫，由于气候的原因，除了生孩子，其他的事情都很懒散。"

因为在沼泽极易获得自然的馈赠，所以男人变得十分娇气和懒散。正如我们所看到的那样，沼泽是要被驯服、排干以及征服的。在沼泽的边缘安逸地生活，意味着一个人要么是原始人，要么是更糟糕的懒汉。

人们经常指责沼泽居民懒惰，这并不只是因为他们靠沼泽的馈赠就能够便捷地生活。著名的自然学家乔治·路易·勒克莱尔和布封伯爵声称，美国弥漫着潮湿、不健康的气体，一切都在衰弱、腐烂、令人窒息，新大陆的动物体型矮小、发育迟缓，生活在这样环境中的人必然懒惰和散漫。杰克·科比把沼泽居民的懒惰归咎于疟疾，"疟疾使人虚弱和消沉，限制了人类的努力。似乎有理由认为疟疾是内陆人自诩没有雄心壮志的主要原因"。因为在疟疾高发期，穷人无法把握机会去寻找更适宜居住的地方，因此懒惰与社会阶层更加紧密地联系在一起。

沼泽居民为幽默作家亨利·克莱·刘易斯等人提供了素材。刘易斯以西南地区幽默家的传统手法编写了《路易斯安那州沼泽医生生活中的见闻》。书中讲述了他去路易斯安那州沼泽地看望患者时，主人公麦迪逊·滕萨斯暴露出来的怪癖。如一个老妇人患有震颤性谵妄症，当她的威士忌喝完了时，刘易斯必须为她提供更多的酒，但又不能让她的热心朋友知道他正在这样做；还有一个自大的南方绅士认为他和家人都疾病缠身，所患的病也是只有贵族才会得的疾病。自始至终，刘易斯都在讽刺这些滑稽的、居住在沼泽地的人所代表的南方社会的自命不凡。不过，在刘易斯"幽默"的背后隐藏着厌恶。正如埃德温·T.阿诺德所言，刘易斯在"无论是身体还是心理处在不安、畸形、失去希望的'怪物'身上找到了幽默感，这些'怪物'生活在固态土壤和液态沼泽之间、理性世界和疯狂世界之间的边界地带"。虽然沼泽居民可能是"幽默"的来源，但他们的古怪、懒惰与秩序和文明之间的距离，使他们成为凶恶的人。

　　沼泽居民给南北战争前的南方造成的危险不仅是道德上的，而且是现实的。杰克·科比将沼泽地描述为种植园秩序之外的人抵抗南方主流文化和社会的地区：

　　　　"同样的湿地环境使自由的人更加抵制资产阶级和农业改革家……特别是在大迪斯莫尔沼泽及其附近，烧木和养猪的乡下人可能过着'漫不经心'的生活……在世界市场秩序的边缘，仍然可以随意筹集现金。"

柯比在描述 19 世纪位于大迪斯莫尔沼泽郊区的一家老杂货店的顾客时，强调了沼泽地居民的反消费主义：他们大部分是普通的沼泽人，对商业要求不高，还不是现代意义上的"消费者"。也许这些人没有消费主义的野心，用他们从大自然中发现或制造的东西来换取当地没有的必需品。

沼泽居民用野兽皮来换取生活用品，他们与本应活跃和推动文化发展的价值观形成了鲜明对比。这种例子给种植园主带来了问题。弗雷德里克·洛·奥姆斯特德描述了与一位种植园主的对话，这位种植园主抱怨农场附近一些沼泽居民（阿卡迪亚人）十分懒惰。

亨利·路易斯·斯蒂芬斯，《在沼泽里》，选自 1863 年的《专辑变奏曲第三号：奴隶》

"这位先生形容他们是懒惰的流浪汉，很少工作，却花很多时间在打猎、钓鱼和玩耍上……他为什么不喜欢让这些穷人住在他附近？他说，因为阿卡迪亚人使人意志消沉。奴隶们看到他们过着表面上舒适的生活，没有多少财产，也不用一直的劳作，就会不由自主地想，没

　　有必要像他们自己那样辛苦地工作；如果他们是自
　　由的，就不需要工作了。"

　　对于逃亡的人来说，沼泽是避风港，（虽然）沼泽充
满了危险，但也起到了一定程度的庇护作用。奈特·特
纳和一群起义者躲在弗吉尼亚州的沼泽里，奥西奥拉和
佛罗里达州的塞米诺尔人也是如此。

　　哈里特·雅各布斯在她的自传《女奴生平》中，描
述了一次从凶险的蛇形沼泽中逃出的经历。雅各布斯被
沼泽的恐怖困扰，蚊子成群，周围全是蛇，她和她的同
伴们不得不用棍子挡住这些东西。与人造地狱相比，雅
各布斯更喜欢自然地狱，"在我的想象中，即使是大型毒
蛇，也没有所谓的'文明社区'中的人可怕"。雅各布斯
在沼泽生活的时间很短，传言沼泽有无数逃亡的奴隶，
他们因远离"文明"而变得充满野性。

　　路易斯安那州的阿卡迪亚人代表着一种独特的沼泽
文化，他们与沼泽的关系以及他们自己的文化特色都非
常令人着迷。

　　阿卡迪亚人曾是定居在阿卡迪亚的法国殖民者。后
来许多阿卡迪亚人最终定居在路易斯安那州。正如玛乔
丽·埃斯曼在她的文章《民族保护的旅游：路易斯安那
州的卡津人》中所解释的那样，"卡津人基于对路易斯安
那州环境条件的经济适应，创造了自己的文化。直到20
世纪中叶，大多数卡津人与世隔绝，几乎没有机会或意

愿与外界相处"。卡津人学会了充分利用路易斯安那州南部的沼泽捕鱼、狩猎，发展出一种与路易斯安那州沼泽密切相关的独特文化。

虽然在某些方面，他们符合沼泽人的特质，但不能把阿卡迪亚人的文化简单地描绘成与随遇而安的沼泽人一样的文化。卡尔·布拉索是研究卡津人最杰出的历史学家之一，他解释说：

> "外界一直将阿卡迪亚人视为一个由无知和极度贫穷的渔民和捕猎者组成的群体，他们生活在路易斯安那州的沼泽地和沿海沼泽地，与世隔绝，执着于古老的生活方式。甚至一些作家认为，自阿卡迪亚人迁徙到路易斯安那州，阿卡迪亚人一直保持着相对不变的面貌。"

布拉索在《从阿卡迪亚人到卡茹恩人》一书中，描绘了一种田园式的非物质主义的文化，在这种文化中"最贫穷的阿卡迪亚人在分散居住前，认为自己的价值不亚于最富有的邻居"；阿卡迪亚人从新斯科舍分散居住到路易斯安那州后，这种文化逐渐改变，接受了阶级分化。虽然阿卡迪亚人最初在路易斯安那沼泽地中狩猎和捕鱼，但他们的文化绝非停滞不前。阿卡迪亚人开始发生变化：许多人效仿周围的克里奥尔种植园主。他们清理沼泽地，种植棉花和水稻，放弃了狩猎、捕鱼。正如布拉索所解释的那样，许多阿卡迪亚人拒绝这种生活，并试图在相对孤立的拉福什盆地和路易斯安那州西南部广阔的大草原上延续传统的生活方式。一些阿卡迪亚人的后代发现自己越来越在过去的自给自足和现在的物质主义之间徘徊。

后来阿卡迪亚人中出现了种植园主阶级和自耕农阶级之间的分歧，自耕农阶级的典型代表是小居民，他们拒绝美国理想，偏向于更简单、更传统的生活方式。他们"憎恨社会'优越者'自诩的优越感和神圣感，而社会'贵族'则恼怒阿卡迪亚人的'倔强固执'和'粗野无礼'"。

赞美卡津民间文化是一个相对较新的现象。虽然大多数人认为卡津文化是无忧无虑的，它以舞蹈、美食为特色，但正如埃里克·威利所说，卡津人喜欢玩乐，这个形象是有欺骗性的。在这背后，隐藏着一个仍然遭受文化和语言攻击的民族，这种攻击源于 20 世纪 20 年代开始的全国性行为，受到政府支持，目的是使其与英美文化更加一致。

从 20 世纪 20 年代中期开始，阿卡迪亚儿童在公立学校禁止说法语，而且这一禁令经常通过体罚来执行。威利解释说，"随着时间的推移，卡津人开始为他们的语言和传承感到羞耻"。在大部分时间里，阿卡迪亚人常因羞辱而放弃自己的文化，因语言差异而被嘲笑，并被迫同化。

新兴的旅游业带来了转变。因为，正如伊斯曼所说，"在路易斯安那州，旅游业和民族自豪感几乎都是在20世纪60年代出现的"，可以说，许多当代卡津人是"自己文化的游客"。经过数十年的适应和现代化，当代卡津人与传统的卡津人生活格格不入，当代卡津人对他们的传统和传承很感兴趣，但他们不愿遵守它们，努力地超越这些传统。他们希望保持独立的特质，但也希望参与英美文化。对于如今许多卡津人来说，特别是那些中老年的卡津人，民族自豪感的表达在很大程度上取代了他们所宣称的文化独特性。任何以朴实无华、古老传统和抵制现代化为特征的文化，或许都不可避免地成为过去。

沼泽文化与濒临消失的沼泽相联系，在这个世界上，荒野不再充满危险，而必须小心翼翼地保护，荒野遗迹更是如此。

与阿卡迪亚人一样，一些当代沼泽文化的继承人也在景观中寻找正在消失的文化遗产和历史痕迹。爱尔兰诗人谢默斯·希尼在保存完好的爱尔兰沼泽中发现了文化记忆的痕迹。正如他在《进入文字的情感》一文中所说的那样，

"我开始把沼泽看作景观记忆，或者说是记录在沼泽中发生和与之相关的一切景观……我有一种暂时的、未实现的需要，就是在记忆和沼泽之间，以及我们的民族精神之间（我想用一个更好的词来形

渔民在沼泽里拖网
捕鱼

容）建立一种一致性。"

　　希尼的《沼泽》一诗强调了沼泽对远古的容纳和保
存能力，使其没有受到污染。这首诗以一个多世纪后从
沼泽深处打捞出的"咸白"沉没黄油的形象开始，剥开
层层文化记忆，"他们揭下的每一层／看起来都是上一层

的体肤。那潮湿的中心深无底层"。有时，希尼从诗中的沼泽中挖掘出的记忆是对暴力和残酷的沉思。在《惩罚》中，希尼以在泥炭沼泽中发现的一具保存完好的、有数百年历史的少女尸体为切入点，思考传承文化和当代文化的关系。这首诗的灵感来自 1951 年德国沼泽中发现的一具少女尸体。

在美国，真正的沼泽居民已经所剩无几。当然，塞米诺尔人并没有简单地消失，他们 20 世纪的历史再次与景观相关。排水和开发大沼泽地对生活在那的塞米诺尔人产生了巨大的影响。正如佛罗里达塞米诺尔部落的官方网站所说的那样，到了 20 世纪 20 年代，"荒野不再提供庇护，许多'塞米诺尔人'作为租户生活在他们工作的土地或农场上，或者作为许多小型旅游景点的'奇观'出现在南佛罗里达州的旅游区"。随着沼泽被抽干、开发以及作为旅游景点经营并最终被联邦法律保护，塞米诺尔人也被剥削、同化、展览，并最终在 1938 年被分配到320 平方千米的保留地。在那里，他们免于纳税，建立了繁荣的经济，包括烟草店在内的企业。正如网站报道的那样，

"如今，大多数部落成员有现代化的住房和医疗保健服务。仅塞米诺尔部落每年在教育方面的开支就超过 100 万美元，包括向有前途的部落大学生提供补助金。由部落成员经营的几十家新企业得到部

美国南方沼泽小屋

落理事会和董事会的支持。"

　　未被同化的塞米诺尔人顽强地生存着，但与一个多世纪前居住在沼泽地的"野蛮人"相比已经没有什么相似之处。

　　如果塞米诺尔部落官方网站表明一种迹象，那么其他的、前资本主义或反资本主义的沼泽居民的愿景已被精明的企业家精神和市场营销理念取代了。除塞米诺尔历史和文化概要的链接外，塞米诺尔部落官方网站上还有沼泽旅游和房车度假村的链接，以及好莱坞和坦帕的硬石酒店的招聘公告。塞米诺尔人没有像一个多世纪前

路易斯安那州柏树沼泽的油井，20世纪30年代

预测的那样消亡，也没有消失；相反，他们已经脱掉了沼泽居民的"外衣"：根据他们的网站显示，当代塞米诺尔人不再是具有威胁性的野蛮人，也不再是反现代的象征，而是一个由精通技术的商人、大雇主等组成的自治部落。在佛罗里达沼泽地，塞米诺尔人是文化传统的监护人和营销者，也是当地和全球经济的正式参与者。

不幸的是，对于阿卡迪亚人而言，接受现代性意味着牺牲对其文化独特性做出重大贡献。许多人在石油行业工作，这会继续污染和危害墨西哥湾沿岸的沼泽。虽然沼泽娱乐活动仍然是卡津人生活的主要部分，但大多数人将其视为周末度假活动，以逃离 21 世纪的生活。正如埃斯曼所解释的那样，"对于居住在城市的卡津人或受同化的卡津人而言，'狩猎和捕鱼'已成为爱好或运动。在沼泽（湿地）中建立一个'度假营'，用于周末打猎和钓鱼，是很常见的，也是可取的。卡津人对沼泽环境保持着一种感情上的依恋，他们熟悉沼泽环境，并以熟知沼泽知识为荣"。

埃斯曼的观察与"城市或受同化的卡津人"有关，可以肯定的是，在 21 世纪，卡津人占了很大一部分，而且人数还在不断增加。但是，仍在很大程度上像他们的祖先一样生活的人呢？他们在路易斯安那州的沼泽地狩猎、捕鱼。这样的生活方式仍然存在而且大多数人追求这种生活方式是出于选择而不是需要。虽然沼泽仍然是阿卡迪亚文化和生活的主要组成部分，但其中固有的简约和异国情调相结合的特点在它后现代产业的发展中得以体现。艺术与娱乐网策划了一档与"沼泽人"合作的真人秀热播节目。该节目聚焦于路易斯安那州沼泽地的鳄鱼猎人,他们经常相互竞争,将鳄鱼拖出水面,供摄制组和好奇的观众观看。他们的异域特征随处可见——节目名称让人联想到 20 世纪 50 年代的节目;节目中许多常驻嘉宾说着口音浓重的英语,并配有字幕;在皮埃尔·帕特的高跷屋里,偶尔会有家庭聚会,这是一个只有乘船才能到达的小沼泽社区。在那里,特邀猎人宣传古老而"纯正"的家庭团结和传统价值观。在平淡无奇的真人秀电视节目中,"沼泽人"上演了他们的文化节目,一些是游戏节目,一些是家庭剧,这些节目在广告间插播,每隔 22 分钟播放一次。

# 2．沼泽泥潭：阻碍与难题

他飞快地跑出荒凉的沼泽，

道路崎岖且艰辛，

穿过缠绕的刺柏、芦苇床，

穿过许多毒蛇觅食的沼泽，

人类从未涉足此地。

——托马斯·摩尔，《民谣：荒凉的沼泽湖》

作为实在的障碍，沼泽在地理特征方面非常明显。山、海、沙漠在纯粹的、顽固的、难以解决的问题上，没有一个能与沼泽相媲美。沼泽是威胁还是累赘，是恐怖还是麻烦，是试验基地还是财政窟窿，沼泽似乎抵抗着集体或个人的、计划或非计划的人类努力。根据《牛津英语词典》的定义，"沼泽"是"被困难压倒""在经济上毁掉"；《世界英语词典》补充解释为"使人无能为力"。例如"陷入泥潭的"和"停滞"这样的词语也同样将沼泽地貌与繁重的负担联系在一起。虽然在过去的几个世纪里，沼泽的整体声誉得到很大程度恢复，但人们依旧认为沼泽是无法摆脱的困境和现实危险。

　　然而，自19世纪末、20世纪世纪初以来，沼泽等湿地带来的现实问题发生了巨大变化。人们已经认识到沼泽的好处，技术进步使得不透水的野生沼泽得到了利用。那么如何应对沼泽问题引发的新难题和困境。本章探讨沼泽作为实际障碍或问题的演变，以及推动这种演变的历史和文化变迁。从某种意义上说，沼泽作为实际障碍的地位不断变化，推动了本书讨论的态度和表述方式的转变。

　　邪恶、狂野、难缠的沼泽构成一个极富修辞意义的形象。斯托是《汤姆叔叔的小屋》的作者。她在小说《德雷德》中，把沼泽视为道德沦丧的代表。1851年，丹尼尔·韦伯斯特在弗吉尼亚州的卡彭斯·普林斯对一群非常熟悉沼泽的人发表讲话时，用沼泽来描述国家分裂的样子。

　　就像我们将看到的那样，关于沼泽滋生疾病和瘟疫的观点已经被科学纠正，但沼泽仍保留了这样的修辞含义。虽然准确地说华盛顿特区建立在潮汐平原而不是沼泽之上，但事实证明，美国政府的中心与政治泥潭、特殊利益集团和潜在的腐败之间的隐喻联系已经足够令人信服，以至于《芝加哥论坛报》华盛顿分社的博客以"沼泽"为名。正如《芝加哥论坛报》网站的解释：

　　　"'沼泽'一词一语三关：城市建在沼泽地上；

国会山新闻发布会在一个被称为'参议院沼泽'的地方举行；华盛顿往往像是党派政治、政治阴谋以及复杂的立法和政策的泥潭。我们的目标是帮助读者了解沼泽。"

"排干沼泽"是一个常见的比喻，指的是采取必要的措施清除无论是政治、法律还是其他方面的问题。这个词甚至适用于全球恐怖主义。2001年，美国国防部副

大迪斯莫尔沼泽

卢修斯·朱尼乌斯·莫德拉图斯·科卢梅拉 16 世纪的画像

部长保罗·沃尔弗维茨在寻求北约帮助抓捕恐怖分子时，用了一个比喻来描述美国的战略，"虽然我们会努力找到沼泽中的每一条蛇，但战略的本质是排干沼泽"。唐纳德·特朗普在 2016 年总统大选期间，曾在华盛顿特区做出了"排干沼泽"的承诺，这是一项针对美国政府潜在腐败和任人唯亲情况的承诺。长久以来，实际存在的沼泽被认为是脆弱的、濒临消失的湿地，但在言辞上将其定义为各种邪恶的庇护所。

对沼泽的蔑视可以追溯到几千年前，人们认为它是文明耕作的实际危害和障碍。1 世纪，古罗马农业作家科卢梅拉指责沼泽造成了一系列的危险。科卢梅拉称，炎热的天气使沼泽散发出有害的恶臭，滋生出带着讨厌的螯针的昆虫，成群结队地攻击我们；它还引发了瘟疫。科卢梅拉认为，除非沼泽水得到净化，否则饮用沼泽水可能是致命的。最糟糕的是沼泽水流速缓慢甚至停滞不前，充满了致死因素。不过，这些污染可以通过冬雨来解决，因为"从天上来的水被认为是最健康的，它甚至可以洗去毒水中的毒物"。在这里，纯净的天堂之水和致命的沼泽毒水之间的对立，毫无疑问地说明了后者的道德含义。

沼泽往往因其真实和可察觉的危险而被人格化，它们不仅被赋予了行动能力，还被赋予了呼吸能力。关于

爱德华·李尔，《特拉西纳上方的蓬蒂内沼泽》，1880 年，棕色墨水钢笔画，配文"延绵的荒原，广阔荒芜的沼泽"

*N° 8*

*"Stretched wild and wide the waste enormous marsh."*

*The Pontine Marshes from above Terracina.*

沼泽

沼泽对人类构成的危险，最古老和最固执的观念之一就是沼泽散发出的气体会导致疾病。其实，疟疾在意大利语中的意思是"糟糕的空气"。在很长一段时间里，疟疾是对吸入沼泽瘴气导致的任何疾病的总称。

为了解释周期性发烧发生的原因，18世纪的意大利作家提出，沼泽或地球内部的臭气或呼气导致了人类发烧。这种大气中的毒物或瘴气后来被称为疟疾……在19世纪的大部分时间里，疟疾并不是一种疾病的名称，它指的是一种有毒物质，一种可能从沼泽、腐烂的植物或腐烂的动物尸体中散发出来的气体。

虽然阿方斯·拉韦朗在1880年将疟疾的真正原因追溯到寄生虫疟原虫身上，但沼泽产生疾病并通过呼吸传播疾病的观点很普遍，甚至在拉韦朗的发现公布后，这种想法依旧停留在公众的印象中。

早期美国殖民地的资料中充满了对沼泽的批判和贬

艾耶尔公司关于疟疾药的广告，19世纪

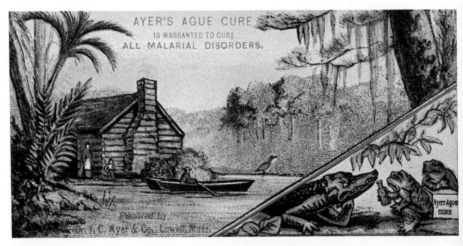

64

低，最常见的是人们普遍认为的沼泽"呼气"会滋生疾病。积水意味着各种疾病，除了致命的疟疾，还包括伤寒和黄热病。这种联系在殖民地中根深蒂固，使得"湿地和死亡密不可分"。阿尔伯特·考德雷在《这片土地，这个南方》一书中解释说，沼泽经常成为其他地方疾病的发病原因（这些疾病随着奴隶贸易传入，并在沼泽地区蔓延）：

> "牙买加的奴隶中出现了雅司病，并在南部地区广泛传播。18世纪初，雅司病在北卡罗来纳州靠近迪斯莫尔沼泽的一个地区十分普遍，以至于威廉·伯德二世开玩笑地提出了一个所谓的议案。"

殖民时代在殖民者、奴隶和美洲原住民中肆虐的疾病，一般是由殖民者从欧洲传入的，或者由奴隶从非洲和加勒比海地区传入的，然后由无处不在的蚊子传播，这些蚊子在炎热潮湿的沼泽环境中疯狂繁殖。

当然，这些原因后来才被发现，但当时的大多数记录遵循古老的模式，将疾病和瘟疫归咎于沼泽。1622年纳撒尼尔·巴特勒上尉写下了他所发现的关于弗吉尼亚州殖民地惊人的控诉，题为《1622年冬天弗吉尼亚殖民地的隐藏面孔》。巴特勒描绘了一个贫瘠的殖民地，坐落在一片病态的土地上，"我发现种植园一般在盐沼中，到处都是传染性的沼泽，并因此处于……麻烦和疾病中"。

潜伏在沼泽中的鳄鱼
（短吻鳄）

伯纳德·罗曼斯在《简明佛罗里达东、西部自然史》一
书中，用大量篇幅进行了论述，"虽然这是荒诞的不健康
气候，但它也普遍令人畏惧"，"这在某种程度上表现为
不健康的沼泽土壤"。在古罗马人的描述中，沿海沼泽等
湿地都是污染和疾病腐烂的温床。"经常受到各种令人
讨厌的浓雾的侵袭……雨前沼泽地散发出一种可怕的气
味，这对我来说是一种令我窒息的恶臭。"虽然居民们
似乎没有注意到这些气味，也没有人提到任何不健康的
影响，但罗曼斯仍然确信，"这种情况是非常不健康的，
当地的居民普遍肤色暗淡，面色惨白，这也证明了这一

点"。罗曼斯还感叹"成群的苍蝇、蚋和其他昆虫群生活在腐臭的空气下"，声称随着这些昆虫死亡和分解，"它们的臭气甚至有毒气体从池塘、沼泽等地冒出，从而污染空气，并在周围传播疾病"。罗曼斯在讨论沼泽环境对居住者的健康产生影响时，将其危害与道德败坏联系在一起，并进行暗示。"我劝告每位新来的人，特别是体质差的人，要注意自己的身体状况。有不良习惯的人，很容易受到这种糟糕空气的影响。"我将在另一章中更详细地讨论这种态度，但在此必须注意到强加给沼泽极其危险的道德价值，是长期以来将沼泽妖魔化的一个关键因素。

疾病远不是沼泽、泥塘所带来的唯一危险。许多危险来自沼泽中栖息的动物，从蛰人和咬人的昆虫到毒蛇，再到短吻鳄（已经占据了大众的想象，成为在黑暗且危险的沼泽中居住的大型爬行动物的君主）。

然而，沼泽和泥塘中的许多危险并不是来自栖息的动物，而是来自景观或陆地本身。关于无底沼泽的传说就源于这一特征，粗心的旅行者可能会永远沉入沼泽且不留痕迹，考古证据证明这才是真正的危险。"在德国维尔纳沼泽中发现的一名死者，手中握着一簇簇石楠花，他可能是抓住这些石楠花，试图将自己从沼泽中拉出来，但仍是徒劳……其他尸体被发现时，他们手中攥着棍子。"

另一个重要的沼泽危险是沼泽溃决，当沼泽表面以

下的液化泥炭产生大块泥炭急剧移动时，就会发生沼泽
溃决，有时会造成灾难性的后果。

　　沼泽溃决对人类及其财产构成实际危害。数百年来，
爱尔兰一直有沼泽溃决的记录，首先是 1697 年在利默里
克郡发生的卡帕尼汉沼泽溃决。1708 年，该郡又发生了
一次沼泽溃决，将房屋和居民都埋在 6 米深的液态泥炭
之下。

　　这些沼泽危害往往被强加到大众想象的沼泽中，然
而这并不准确。电影和小说中的沼泽充满了危险，这说
明大众文化夸大了沼泽的普遍性和危险性。担心消失在
沼泽里，再也看不见，是沼泽作为神秘、不可预测和最
重要的危险之地的主要原因。

　　虽然人们对沼泽的危险有种种误解和夸大，但在历

史的大部分时间里，它们一直是人类活动不可否认的障碍，是历史上一些最杰出人物的克星。历史上一些杰出和有权势的人，出于各种原因，曾尝试排干沼泽，但都失败了。普鲁塔克在他的《凯撒大帝传》中阐述，这位伟大的皇帝提议将波门蒂纳和塞梯周围的沼泽地改造成一片可供成千上万人耕种的平原。事实证明，凯撒是一系列统治者中的一员，这些人曾提议排干或试图排干疟疾肆虐的拉丁姆沼泽。

沼泽因远离文明而被定义为神秘、危险的地区，长期以来一直被描述为未知领域，供勇敢和大胆的人们深入探索。在美国南部的沼泽地，欧洲绅士与狂野、原始的自然之间存在着明显的冲突。15 世纪以来，欧洲探险家就开始在新大陆的沼泽中执行英勇的任务，试图驯服它们。

威廉·伯德二世前往大迪斯莫尔沼泽的任务，是尝试与沼泽相遇。伯德从早年开始，就清楚地认识到自己的"绅士"身份。正如伯德的传记作者肯尼斯·洛克里奇所述，伯德一生都在努力把自己塑造成一个"绅士"，遵循着"绅士"的价值观。伯德在日记中记录了他的日常活动，揭示了他一心一意追求的"绅士"理想。"显然，日记描述的是 18 世纪绅士的预期行为，这些绅士不断重复这些行为，并对其进行了强制性的回顾。"伯德提到，他习惯于凌晨 4 点起床，阅读《奥德赛》中的诗句。伯德清楚地意识到他人的潜在评判，特别是欧洲绅士的评

**美国湿地沼泽**

判，他们往往将新大陆殖民地总体上视为未开化的落后地区，并相应地将其居民视为未开化的居民，因此，伯德在其著作中小心翼翼地将自己描述为一位掌握自然的杰出"绅士"。

在《分界线的历史》一书中，伯德叙述了他为划定一条分割北卡罗来纳州和弗吉尼亚州，并穿过大迪斯莫尔沼泽的分界线所做的努力。这部作品在伯德时代备受欢迎，被广为阅读，它提炼和例证了许多对沼泽的假设和态度，这些假设和态度所产生的影响会持续数百年并引起共鸣。伯德把自己描绘成一名冒险骑士，愿意冒着生命危险履行自己的职责。正如洛克里奇所说，他把自己描绘成"一位绅士，他代表的是一个阶层，只有他们才能指挥人们在杂乱无章的荒野中穿行"。

《威廉·伯德二世》，
汉斯·希辛，1724年，
布面油画

伯德将沼泽地描述为冒险骑士的劲敌。他声称，甚至对于那些生活在沼泽边缘的人来说，沼泽也是完全未知的：

"难以置信的是，虽然附近的居民一生都生活在沼泽地的气味中，但是他们对这片巨大的沼泽地知之甚少……我们清楚地发现，除我们自己的经验外，

71

没有办法获得任何关于这片未知领域的知识。"

　　伯德意识到野蛮与文明、自然与文化之间的界限和分割，他一再断言，沼泽更适合动物而非人类生活。他承认，沼泽拥有一些稀有且奇特的美，但这些特征对于他来说是诱惑，会在屈服于沼泽之美的人身上滋生懒惰，这是一种不可饶恕的罪过。对于伯德来说，沼泽的美丽与生活是对立的，而随着他任务的推进，这种环境在精神以及实际上充满了威胁：

　　　　"无疑，永恒的阴影笼罩着这片巨大的沼泽，阻碍了阳光对地面的滋润，使它不适合有生命的东西居住。然而，沼泽美丽，让人赏心悦目，但这以牺牲其他感官为代价：土壤的湿度让植物一直处于青翠的状态，与此同时，恶臭的湿气不停地上升，污染着空气，使其不适合呼吸。甚至连兀鹰都不敢飞过它，就像意大利秃鹫不会冒险飞越亚维努斯湖。"

　　虽然伯德成功完成了任务，他的部下也都活了下来，但他对沼泽地的最终评估和建议是明确的：

　　　　"从这片泥泞和肮脏的土地上不断冒出的气体污染着方圆数千米的空气，损害着周围居民的健康。这种气体使他们容易得疟疾、胸膜炎等疾病，造成很多人死亡，剩下的人看起来也不健康。要排干这片沼泽地，需要一大笔钱，但要想保住国王陛下子民的生命，同时又使这么大一片沼泽地变得有利可图，动用公共财富是再好不过的选择了。"

伯德的著作于 1841 年，也就是他逝世后近一个世纪才出版，并广受欢迎。这些著作让人们得以一窥殖民地对沼泽的态度，并影响了南北战争前人们对南方沼泽地的态度。

更多的企业投资使人们也与沼泽发生了冲突。在一个有趣的历史事件中，乔治·华盛顿，当然，他后来成了美国的第一任总统，创办了一家公司，目标是排干大迪斯莫尔沼泽。这家名为"大迪斯莫尔沼泽"的公司目标是将无用的沼泽与公共服务相结合，使其变为可耕种的肥沃土壤，创造私人利润。查尔斯·罗伊斯特在《大迪斯莫尔沼泽公司的辉煌历史》中，描述了华盛顿对沼泽地的雄心壮志：

　　"在进入卡罗来纳州北部的道路上，大部分土壤是贫瘠的。但华盛顿确信，在沼泽地里，所有的土壤都是黑色的、肥沃的……虽然当地人认为这是一片下沉的低洼沼泽，不适合任何农业耕作，但华盛顿确信它是'过度的富饶'。"

　　在殖民地议会通过的法律帮助下，由于该公司所做的工作是为了公共利益，因此避免了财产所有者的诉讼。大迪斯莫尔沼泽公司花了40多年的时间，让奴隶进入大迪斯莫尔沼泽，目的是清理、排干沼泽，并将其恢复为可耕地，但最终还是失败了。对于华盛顿和其投资者来说，他们失去了所有的资本和面子，但大迪斯莫尔沼泽公司尝试的真正代价落在了劳工身上。

　　在耶利哥运河上工作的奴隶所遭受的痛苦、疾病和死亡，出现在楠西蒙郡人世代相传的故事中。故事说，这些可怜的"生物"因为沼泽热而成堆地死在这里。但这对于他们的主人来说没有任何区别。他们被逼着直接进入沼泽的中心，砍伐杜松。公司没有达到目的就解散了，但在出售劳工砍伐的看似无穷无尽的树木所获得的利润中得到了安慰。然而，这些劳工并没有给不屈不挠的大迪斯莫尔沼泽造成重大影响。

　　沼泽也引发了军事冲突。弗朗西斯·马里恩将军也被称为"沼泽狐狸"。他之所以成为传奇，部分原因是在美国独立战争中他能够利用沼泽地势，发挥优势。马里恩是典型的绅士士兵，他似乎能驾驭难以驯服的沼泽，并成为威廉·吉尔摩·西姆斯等作家作品的人物原型。

　　在内战期间，沼泽不仅是战略资源，更是实际障碍。尤利西斯·辛普森·格兰特报告称，他不得不在维克斯堡外的柏树沼泽砍伐大片木材，并称这是一项"巨大的工程"。普通民众对沼泽的谴责往往更加丰富多彩。一个

**J.** 威尔斯·钱普尼，
《窥探大迪斯莫尔
沼泽》

名叫托马斯·曼的联邦士兵指责奇卡霍米尼沼泽暴发了
大规模疟疾，众多士兵感染。"参与长期斗争的每千人中
有 600 人因严重的疟疾而身体虚弱，他们在不同程度上
丧失了机能，从轻微的身体不适到几乎无法自理。"内战
士兵在沼泽中受苦的经历数不胜数，他们涉水穿过数千
米的沼泽，受到"沼泽天使"（一些人对困扰他们的大蚊

子的称呼）的"关注"，并试图以有限的方式驯服荒野。

　　也许战时最可怕的沼泽故事是兰里岛之战。1945 年初，英军和日本陆军在缅甸海岸外的一个岛屿上发生了一场冲突。当英军驱赶日军穿过数千米长的沿海红树林和内陆沼泽时，士兵们开始遭受沼泽折磨，包括蚊子和与沼泽有关的疾病。

　　不过，最具戏剧性的是关于日本士兵被鳄鱼吞噬的事情，被称为世界历史上最严重的来自动物的灾难。据

弗吉尼亚州阿波马托
克斯河上的沼泽，靠
近百老汇码头

说，一千名日本士兵在黑夜中进入沼泽地，第二天只有
二十个人出来。其余的人要么被鳄鱼吃掉了，要么被沼
泽吞噬。

　　虽然现实中的沼泽在大众眼中是脆弱的、濒临灭绝
的湿地，但是沼泽作为一个经过美化的、充满危险的荒
野，作为勇敢英雄旅程中的障碍，在文学和电影中留存
和发展。20世纪初，关于粗犷的英雄冒险进入沼泽深处
的冒险故事开始流行，这是19世纪末沼泽风潮的产物。
冒险进入大沼泽地寻找塞米诺尔人的人往往沉浸于他们

约翰·萨廷,《马里恩将军邀请一名英国军官在他的沼泽营地共进晚餐》,1840年,版画

在前往印第安人的大沼泽地家园时所克服的困难,并夸大响尾蛇、鳄鱼、豹子等的危险。

　　1889年《纽约时报》上的一篇报道认为沼泽之旅是绝佳的冒险旅行。这篇题为《佛罗里达大沼泽地:奥克弗诺基湖上少数冒险者的探索——塞米诺尔人的遗迹》的文章表达了沼泽不仅藐视外来的人,甚至也藐视它自己的居民。"奥克弗诺基湖没有湖岸,但密密麻麻的锯草沼泽和荒凉的半淹没沼泽环绕着清澈的水面,动物和人类都没有在上面找到立足之地。"这些沼泽不仅没有被开发,而且对外来者怀有强烈的敌意。漂浮的植物,引诱

阿尔弗雷德·鲁道夫·沃德,《奇卡霍米尼沼泽之桥》, 1860 至 1865 年

着孤独的旅行者冒险进入那片荒凉的地区，它们堵塞了河口，让探险者迷失方向，找不到路。前任勘测者在一棵高耸的柏树上留下了一个木桶，"这棵柏树矗立在湖中，就像一个孤独的哨兵在执勤"，这个木桶是"方圆约1 500 千米内唯一可见的人类痕迹"。

作者告诉我们，"穿过大沼泽地是一项大胆的活动，除了佛罗里达州南部的牛仔，没有人愿意带领陌生人进入这片荒凉的废墟"。即使是这些粗犷的开拓者也拒绝在他们开辟的小路之外，深入大沼泽地探险。"来自响尾蛇和短吻鳄的危险，就像你头上的毛发一样多，而且规模巨大，他们对此不屑一顾；但当他们在无路可走的荒野

巨大的咸水鳄在印度巽他的红树林中被发现

中面临饥饿时，他们就会变得软弱。"

　　虽然沼泽包含各种来自爬行动物的危险，但人迹罕至、未知的沼泽本身才是真正的危险。沼泽土地是危险的，在某些地方，土壤会突然沉入脚下，让人活生生陷入坟墓。许多湖泊的底部很松软，人必须游过去，不能涉水。一场大雨会使这里发生奇妙的变化。小溪流会在一夜之间形成巨大的规模，到了早上，人们会发现自己就像在一座小岛上一样，狭长而流动的水域隔绝了人们与周围所有的陆地。如果雨持续下去……人们会发现小

**J. 威尔斯·钱普尼，《向鳄鱼射击》，选自爱德华·金《伟大的南方》，1875 年**

岛渐渐从脚下消失，人们又开始寻找另一个更大的岛屿……当人们最终到达一个更大、更安全的岛屿时，熊、鹿、野猫、黑豹、短吻鳄、响尾蛇和食鱼蝮已经在那里"欢迎"他们了。

虽然沼泽动物的存在可能会让人恐惧，但作者告诉我们，只要给它们足够的空间，洪水就会使它们变得温顺无害。然而，在洪水褪去之前，没有人能从这样的牢笼中逃脱，即便最有经验的樵夫也需要许多天才能找到出路……如果一个人在这样的环境中没有饿死，他很可

威廉·卡伦·布莱恩特,《奥克拉瓦哈的突然转折》

能在几天后因发烧和疲惫晕倒。

　　沼泽的危险有力地唤起冒险家的英雄主义精神,他们在这些险恶、凶险的领域中航行。甚至在古代神话和当代幻想中,穿越禁忌的沼泽或湿地是典型英雄之旅的

J. 威尔斯·钱普尼,《无可救药的怪异水上荒野》

常见元素。在约翰·罗纳德·瑞尔·托尔金的经典名著《魔戒》三部曲中，佛罗多和山姆在邪恶的咕噜指引下，必须经过名为死亡沼泽的不祥之地，才能到达最终目的地——魔多。托尔金的死亡沼泽利用了凶险沼泽的经典故事，从污浊的空气到自然与超自然危险的混合。不过，它们还是比大路安全，因为即使是黑暗领主的全能之眼也无法穿透这个雾气笼罩的泥沼：

"天气沉闷且乏味。在这个被遗弃的国度里，寒冷潮湿的冬天仍在肆虐。沉闷的水面阴暗且油腻，

沼泽中升起的雾气

水面上杂草的浮渣是唯一的绿色。枯草和腐烂的芦苇在迷雾中若隐若现，就像破烂的影子……"

"不是鸟！"山姆哀怨地说。

"不，没有鸟，"咕噜说。"这里没有鸟。池子里有蛇、虫子还有其他东西。很多东西，很多讨厌的东西。没有鸟儿。"他伤心地结束了对话。

威廉·高德曼的《公主新娘》中就有一个以沼泽为障碍的变体。本书的电影版已成为经久不衰的经典。故事中，潇洒的英雄维斯特利必须带领他心爱的公主布卡特穿过凶险的火沼泽。也许是受到沼泽溃决现象的启发，高德曼的火沼泽突然爆炸，从地面喷射出一股火焰。虽然火沼泽蕴含危险，但维斯特利仍安全地冲到了沼泽的另一边。

奇幻电影中另一个令人难忘的沼泽景象出现在1984年的《大魔域》中。当影片中的青年英雄阿特鲁寻找幻想国中最智慧的生物莫拉时，他穿越了银色山脉和希望破碎的沙漠。他和他的马阿莱克斯来到了悲伤的沼泽地，这是一处隐喻，暗示逐渐将悲伤的人吸引到黑暗深处。沼泽的忧伤是与生俱来的，弥漫着迷雾，具有感染力。很多孩子在看到阿莱克斯时，被忧伤征服；在泪流满面的阿特鲁恳求他不要忧伤继续前进时，阿莱克斯死了。在绝望笼罩下，阿特鲁几乎屈服于沼泽，幸好他被龙法尔科尔救了出来。

乔治·弗朗索瓦·穆尼耶,《伐木工人砍伐沼泽中的柏树》

　　沼泽在奇幻故事中的魅力延伸到了科幻小说中。在乔治·卢卡斯的《星球大战》三部曲中,主人公卢克·天行者前往达戈巴的沼泽星球,寻找导师尤达。在沼泽的中心,他经历了严格的训练,最终将宇宙飞船从沼泽中抬起。穿越沼泽和逃离泥沼在当代流行文化的多种流派中引起了共鸣。例如,众多视频游戏以沼泽等级或沼泽世界为特色,其中充满了各种野兽和陷阱,英雄必须解决和克服它们,才可以前进。

　　虽然禁忌的、未知的沼泽在流行文化中根深蒂固,但19世纪中叶,沼泽在现实生活中开始走向终结。技术进步最终战胜了沼泽传说中的不灭性。在美国南部的某些地区，沼泽排水成为防洪的重要手段。排水既是公共利益的需要，也是投机商的潜在利好。由于排水对于沼泽防洪很重要，议会通过了《1849 年沼泽地法案》。该法案主要规定，有严重洪涝风险的沼泽可以被指定为各州的财产，而不是联邦政府的财产。因此，它们可以出售，所得收益用于改善排水系统和修建防洪堤。这一法案的通过使在沼泽地砍伐木材成为可能，这给美国沼泽带来另一种风险。

一旦技术方面为清理沼泽的人提供了解决方案，清理和排水工作就以显著的速度进行。在美国，开垦沼泽不仅成为一种经济投资，而且在某种程度上，成为国家的骄傲。J.O. 赖特在 1907 年题为《美国的沼泽和溢流土地》的报告中称：

> "在考虑了采取何种措施来开垦荷兰的沼泽（其中五分之二的沼泽位于海平面以下）以及在排干英格兰沼泽方面已经克服的困难后，如果宣布沼泽地排水不能实现，那将是对美国工程师的技能和智慧的质疑。"

遗憾的是，工程师的实际智慧和技术能力超过了人们对沼泽地各种有益功能的理解。

在 20 世纪初的美国南方，曾经不可一世的沼泽地似乎是取之不尽用之不竭的资源，也是帮助该地区解决自从南北战争以来严重贫困状况的潜在救星。爱德华·金在《伟大的南方》一书中描述路易斯安那州西南部时说，他看到了超过 1.2 万平方千米的土地，土壤肥沃，湖边和海湾边的巨型柏树数量众多，足以维持一个世纪的使用。这可以轻松地为数百家工厂和数千名工人提供就业机会，木材可以很容易地沿着无数的河口和湖泊漂流到市场上。金在木材丰富的沼泽中发现丰富资源的观点是正确的，但是，在雄心勃勃的北方工业家涌入后这些沼泽可以维持多久，他的估计是错误的。开发商们意识到可以从南方的木材中赚到钱，于是纷纷涌入南方湿地，清除老树，这使得南方沼泽地的树木在 20 世纪 20 年代中期被大量砍伐。

伐树排水，佛罗里达州迈阿密

《迪斯莫尔沼泽运河》

南部沼泽以惊人的速度从令人难以穿透的荒野变成了商业木材的来源。沼泽被各种竞争活动包围。纳尔逊·曼弗雷德·布莱克在1980年的研究报告《化地为水，化水为土》中解释说，南方湿地的大部分损失可以归咎于木材大亨——投机者。他们通常从北方进入一个社区，雇用当地工人砍伐木材，然后离开，留下一片光秃秃的景象，当地人纷纷失业。

一些沼泽排水和清理举措显然是为了使当地经济受益。在20世纪初的"大沼泽地排水倡议"中，政客授权挖掘运河和沟渠，并宣称他们是在帮助人们。他们从富裕的垄断者手中赎回了数千平方千米的土地，并将这些沼泽地变成了小农的农业乐园。

在新市场克里克沼泽砍伐树木进行排水工程建设

随着沼泽森林的砍伐和排水工作的持续快速发展，问题开始出现了。猎人开始注意到天空中的水鸟减少了；野生动物爱好者开始意识到湿地栖息地的缩小对当地动物造成的损失。渐渐地，一场新生的保护运动开始形成。其他问题则更为直接和实际。正如唐纳德·海和南希·斐利比所述，"19 世纪末，人们首次意识到流域内不同特征之间的相互关联性，当时的人认为，森林的流失导致了洪水增加和供水减少"。在一个工业至上的时代，有效保护沼泽是一个新生的课题，应对洪水增加的措施是建造更多的人工防洪设施，但效果有限。几十年来，工程师和资源规划者逐渐认识到被清理的沼泽的自然功能——洪水的增加很大程度上是由于曾经的沼泽能吞吐并缓慢释放水流，而现在沼泽已经被航运和防洪工程切断了。湿地所发挥的自然功能如减缓径流、通过吸水帮助防洪、过滤毒素和污染物等，在湿地被破坏后，必须由昂贵的人工手段替代，如处理厂和水坝。

自然学家和自由生物学家珀西·维奥斯卡目睹了路易斯安那州南部湿地遭到破坏的过程。他在 1928 年的《生态学》杂志上发表了最早的环保主义者反对湿地开采的观点。正如维奥斯卡所言，"填海专家和房地产开发商一直在杀鸡取卵……我们未来的保护政策应该是恢复那些最适合沼泽等湿地和水生动植物繁荣生长的自然条件"。虽然像维奥斯卡这样的观点逐渐出现，但随着美国经济萧条，新政时代出现了许多自相矛盾的举措，虽然罗斯福的民间资源保护队等机构认识到森林、湿地在防御洪水中的作用，但似乎每一项保护倡议都同时以改善经济的名义提出了排干或开垦沼泽的倡议。因此，不同的政府机构寻求保护沼泽的同时，也在积极清理和排干数千平方千米的沼泽。这些自相矛盾的行为一直持续到吉米·卡特总统通过的第 11990 号行政命令，要求所有联邦机构"采取行动，尽量减少湿地破坏、损失或退化"。

在印度尼西亚，我们发现了一个生动的例子，证明了征服沼泽的可怕后果。在加里曼丹岛中部，征服和耕种沼泽的灾难性行为所造成的持续、长存的后果令人震惊。在这里，沼泽（或者说是沼泽遗迹）在地底燃烧。

**路易斯安那州死沼泽**

　　20 世纪 90 年代中期，印度尼西亚总统苏哈托不顾环境科学家的劝告，启动了"巨型水稻"项目，将 1 万多平方千米的泥炭沼泽和森林改造成水稻种植园。工人们进入沼泽，挖出了一个巨大的排水渠网络，打开了以前无法进入的沼泽，并进行伐木。大型种植园公司和小型个体农户在农业方面采取了各种方式，包括在印度尼西亚大规模焚烧，而大火却很快失控了。干泥炭是很好的燃料，现在地表下 60 厘米深的地方还冒着烟，重新点燃地表火，并将大量的碳排放到大气中。破坏这些泥炭沼泽森林会向环境释放出比破坏其他类型的森林更多的

光秃秃的路易斯安那州圣马丁教区的柏树沼泽

（高达十倍之多）二氧化碳。因此，现在的印度尼西亚是世界温室气体排放较多的国家之一。

　　印度尼西亚已经开始努力减少碳排放，抵消巨型水稻项目及其火灾造成的生态损失，但许多人仍很担心：气候变化导致长期炎热的旱季会引发火灾，从而进一步增加温室气体排放。沼泽变成烟熏火燎的地下火场，这让人们对"征服"沼泽产生的代价有了清晰的认识。

　　当然，21 世纪真正的挑战是如何保护和保存自然环境中逐年减少的湿地。甚至在湿地受到法律保护的地方，排水开发、偷猎者猎杀濒危物种、环境污染以及风暴和野火等自然现象,仍在威胁着湿地。近年来,美国墨西哥湾沿岸的湿地就是一个特别令人痛心的例子。受飓风袭击,英国石油公司(BP)漏油事件造成了沼泽未知程度的污染和中毒,而英国石油公司漏油事件本身只是持续数十年的污染过程中一个特别生动和戏剧性的例子。路易斯安那州和佛罗里达州的沿海沼泽正在以惊人的速度消失。美国地质调查局的数据表明,在过去的两百年里,由于自然和人为因素的共同作用,美国湿地约有一半消失,占美国湿地总数40%的路易斯安那州湿地还在以每年75千米的速度继续消失。湿地对生态平衡以及周围的经济和文化至关重要,现在几乎所有地方的湿地都非常脆弱,资源不断减少,不再是人类进步的绊脚石。湿地真正的问题是如何保护和维持它们。正如沃尔特·凯利饰演的奥克弗诺基沼泽卡通居民波戈所说的那样,"我们遇到了敌人,而敌人就是我们自己"。

# 3. 恐怖沼泽：猛兽、瘴气和其他危险

　　沼泽往往令人难以捉磨、望而生畏，充满了不确定性和危险性。沼泽水陆交融，粗心的旅行者一不小心就会被吞噬，这就加剧了沼泽的危险性。撇开鳄鱼、毒蛇和沼泽未知的深度不谈，沼泽就像深邃黑暗的森林一样，会让人恐惧：就像童话中的森林一样，它们是未知的、人迹罕至的，是喜欢黑暗的东西可能会在这里筑巢而不被发现的仅存空间。沼泽特殊的危险性部分来自沼泽固有的神秘性和不确定性。真正的危险、传说和想象力相结合，将沼泽营造出恐怖的氛围。纵观历史，沼泽一直是各种恐怖事件的发生地，有些是虚幻的，有些是儿童故事和电影的素材。

　　不可否认，沼泽能够产生恐怖气氛很大程度上是源于沼泽长期处于文明领域之外。在传统观念中，欧洲的荒野以及后来的美洲殖民地一直与恶魔联系在一起。很久以前在欧洲，人类居住区和未被驯服的荒地之间的物理分界往往成为陆地世界和精神世界的分界，这种分界有可能是邪恶的，也有可能是神圣的。许多神话以英雄

鳄鱼

征服野兽为特征的。《图书馆》是一本可追溯到公元前二世纪或公元前一世纪的古希腊神话故事汇编，在其中一则以沼泽为中心的有趣的故事中，介绍了海格力斯在勒纳沼泽中遇到了他最强劲的敌人——九头蛇（一种可怕的九头兽），它从昏暗的家中冒险出来捕食平原上的人。

　　九头蛇的强大和危险性与传统沼泽的特征相似：它的头被砍后就会长出新的，就像顽固、不可征服的沼泽一样；它的血液是致命的毒药，就像沼泽散发出的瘴气一样。海格力斯在与九头蛇做战时，又被另一个沼泽居民袭扰——一只潜伏在淤泥中的巨大螃蟹袭击了他的脚。古罗马农业作家科卢梅拉借鉴了这一神话，将巨蟹座命名为"勒纳斯"，以纪念海格力斯在勒纳沼泽中的战斗。

古斯塔夫·莫罗，
《海格力斯和勒纳的
九头蛇》，1876年，
布面油画

虽然海格力斯在同伴罗拉乌斯的帮助下拿点燃的树枝去

烧九头蛇被砍下蛇头的伤口，使伤口不再长出新头来，

从而打败了九头蛇，但国王欧律斯透斯拒绝将这一任务

算在他十项任务中。这样说来，即使是强大的海格力斯，

也无法独自战胜勒纳沼泽的九头蛇。

虽然像海格力斯这样强大的神能够穿越和征服原本难以驯服的荒野，战胜受荒野庇护的怪物，但在《贝奥武夫》等神话中，沼泽仍有能力阻挠上帝审判。《贝奥武夫》中的格伦德尔是文学作品中最早出现的沼泽怪兽。

以沼泽为道德隐喻的文学传统由来已久。例如，但

据说格伦德尔藏在沼泽里躲过了西方传统故事中的那场洪水，这是亨丽埃塔·伊丽莎白·马歇尔的《贝奥武夫的故事》中的插图

威廉·布莱克 1827 年为但丁《神曲》创作的风格迥异的沼泽居民插图

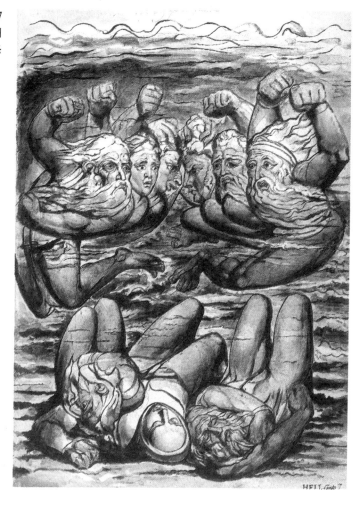

丁的《地狱篇》将斯蒂格沼泽描绘成一个双层的诅咒之坑：犯易怒罪者不断地在泥浆和黏液中战斗，用指甲和牙齿互相撕咬，而水底的人却因不同的罪过而受苦。

当愤怒的人在沼泽中战斗的时候，懒惰的人、闷闷不乐的人、无所事事的人，却深陷沼泽。将沼泽居民与懒惰、散漫联系起来，是一种穿越文化和时代的认识。

　　沼泽也经常与诅咒和超自然惩罚联系在一起。在传说中，如果定居地沉入沼泽或被上升的湖水淹没，那么它往往是邪恶之地。考古学家在进行沼泽发掘时，经常会遇到有着数百年历史的凶险故事。相传，在法国帕拉德鲁因湖的一个考古发掘点出土了一座淹没的城市。据说一处位于爱沙尼亚瓦尔加耶尔湖附近的庄园遗址，一对兄妹曾不顾神明的律法，举行婚礼。婚礼当天山谷被雨水填满，变成了湖泊，庄园被闪电炸毁，整个婚宴也化为乌有。

　　童话故事中的沼泽常常更为邪恶。在汉斯·克里斯汀·安徒生的童话故事中，沼泽是魔鬼的家园，他们在水面下等待惩罚那些傲慢和粗心的冒险者。安徒生的童话故事《踩着面包走的女孩》（有时也被翻译成《踩在面包上的女孩》）的主人公英格尔是一个骄傲、残忍、漂亮的女孩，她以折磨昆虫为乐。她的自尊心随着她的美丽而增长，她的残忍也是如此。有一天，她走在回家看望父母的路上，小路有些泥泞。当她走到一个大水坑前时，为了避免弄脏自己漂亮的鞋子，她把一块面包扔进水坑里，然后踩在上面。结果英格尔和面包一起陷入沼泽并且慢慢下沉，一直沉入沼泽女巫的巢穴：

　　　　"当雾气笼罩在沼泽上时，人们会说，'看，沼泽女巫在酿酒'。英格尔就是掉在这个酿酒厂里，这不是一个令人愉快的地方。与沼泽女巫的酿酒厂相比，化粪池是一个光线明亮、通风良好的房间。每一个大缸里散发出来的气味都很难闻，人如果闻到这里的一丝气味就会晕倒。这些大桶紧紧地立在一起，几乎没有空间可以在它们之间走动，如果你能找到一点空间挤过去，那么里面则布满了蟾蜍和黏腻的蛇。"

当英格尔沉入沼泽女巫的巢穴时，她的身体僵硬麻木，面包还粘在她的鞋子上。幸运的是，沼泽女巫现在不在，但酿酒厂正在接受魔鬼的曾祖母的检查，英格尔落到了魔鬼曾祖母的手里。

虽然英格尔的故事以变身鸟逃跑而告终，但将沼泽或泥塘的多孔、不确定的表面作为通往冥界的大门，这一构思也在其他故事中出现。安徒生的另一个故事《沼泽王的女儿》，不再像《踩在面包上的女孩》一样，把沼泽死亡看作对性格缺陷者的惩罚。它讲述了一个埃及公主身穿天鹅羽衣飞到日德兰北部文德斯尔的大沼泽，寻找治疗她父亲疾病的方法。安徒生对沼泽的描述非常有趣，让人感觉到沼泽在某种程度上是荒野时代的遗迹。

"今天的沼泽地非常大，但它比以前还要大；那里有大片大片的沼泽……沼泽上空总是笼罩着浓雾。在18世纪初，那里仍有狼群；而在一千年前，那里甚至更荒凉。"

在人们想起珀尔塞福涅被哈迪斯抓走的时候，埃及公主被沼泽王带走了。她并不是第一个迷失在沼泽深处的人。几个世纪以来，当人们在沼泽上行走时，

> "他们会慢慢地沉入泥浆中，直至遇见沼泽王。沼泽王是对大沼泽统治者的称呼。有人称他为湿地王，但我们更喜欢称沼泽王……关于他的统治，我们知之甚少，这或许也是件好事。"

这个神秘的人从地上抢走了他的新娘，故事的其余部分讲到了他们的后代，白天是美丽但残忍又邪恶的公主，晚上则是甜美但狰狞的青蛙。当然，这种二分法表明，精神和肉体的丑陋都是遗传了沼泽王，而精神和肉体的美丽则遗传了这位冒险进入沼泽地寻找治疗方法的埃及公主。

通过沼泽下沉进入超自然的冥界，这一主题反映了人们普遍对沼泽存在恐惧，在某种程度上，这种恐惧是基于现实的。世界各地的湿地都有证据表明，数千年来，人们一直将其作为埋葬地。一些埋葬似乎是出于保护死者，而另一些似乎是出于仪式上的要求。在欧洲各地都有发现沼泽遗骸以及因浸泡在独特的泥炭中而保存千年的人类遗体。

沼泽是保存尸体的独特之地。其实，欧洲各地发现的沼泽遗骸不仅为我们提供了保存完好的遗体，还让我

们得以一窥遥远的过去。

沼泽遗骸的保存有时会导致年代混乱，因为遗骸往往保存得很好，所以人们难以察觉它所反映的真实时间。1952年，在丹麦日德兰半岛发现格劳巴勒男尸，沼泽尸体专家彼得·维尔海姆·格洛布教授和当地居民一直在争论，这具沼泽尸体真实的死亡时间。

20世纪80年代初，两名泥炭切割者在英国柴郡的林道沼泽中发现了一个特殊物体。清理后，他们发现那是一颗人头，保存得非常好。南点法医实验室确认是一名三十到五十岁之间女性的头颅。

彼得·雷恩·巴内特以前住在林道沼泽地附近，当他得知这一发现时，他确信一切都结束了。他很快就承认自己谋杀了他的妻子，他的妻子大约在20年前失踪。这一供词足以证明他犯有谋杀罪，即使放射性碳分析显示该枚头颅可以追溯到2世纪之后！

约克大学考古学教授、沼泽尸体专家唐·布罗斯韦尔将沼泽尸体的考古调查与警方的法医工作进行了比较，因为二者经常找到可怕的谋杀和暴行的证据。例如，林道人身上有一系列暴力虐待的证据：头骨多处骨折，显然是钝器所伤，脖子上的绳子残留物和相应的伤痕表明他是被勒死或绞死的。证据还表明，他的喉咙被割开，可能是为了放血。与其他沼泽尸体相比，林道人表现出更多元的伤痕。大量不同种类的伤痕可能表明，林道人是作为一种精心设计的暴力仪式的一部分被杀害的。

在沼泽尸体中，最常见的伤痕是头骨骨折和因上吊或被勒窒息而亡造成的痕迹。图伦男子出土时脖子上套着编结的绳索，博雷沼泽男子脖子也上套着一根绳子。在博雷沼泽发现了一具女尸，她的头发被剪得很短，这可能与当时的习俗有关。在沼泽尸体上发现的证据表明，惩罚或祭祀仪式一直持续到罗马时代。罗马历史学家塔西佗称，沼泽是北方部落的惩罚场所，"胆小鬼、偷懒者和强奸者被压在柳条栅栏下，扔进沼泽黏稠的泥浆中"。

史前以来，湿地会让人产生超自然的联想。在世界各地的湿地中发现的考古证据证实了这一观点，即古人认为沼泽是人与灵界相联系的地方。在世界各地的沼泽中发现了新石器时代早期的祭品。在瑞典发现了成对的燧石斧头，它们被埋在一起，这表明它们很有可能是祭祀的沉积物，或者是献给神灵的祭品。考古学表明，爱尔兰的沼泽既是史前墓地，也是各种超自然生物的家园，这些超自然生物对人类的态度有中立的有恶毒的。据说，像普卡这样的恶灵会缠住那些在爱尔兰沼泽中徘徊的人；日德兰半岛的胡尔德雷沼泽是以斯堪的纳维亚的胡尔德雷命名的，胡尔德雷是一个恶灵，它诱惑旅行者进入沼泽，令他们永远不会再出现。

这些传说和神话都认为沼泽是奇异野兽的巢穴。无论是在古老的民间故事中，还是在当代的传说中，世界各地的文化都讲述了沼泽深处居住着怪物或恶灵。沼泽怪物通常分为两大类：原始幸存者，即据说从黑暗且野

一条鳄鱼，长3米

蛮的过去留下来的类似恐龙的大海兽；人形的潜伏者，即兽性的、像人一样的生物。

巨大的野兽出现在许多国家的传说中。这些生物通常是爬行类动物，它们往往是对鳄鱼、蛇或巨龟等真正威猛的沼泽动物的夸大。非洲拥有一些巨大的野兽，其中最著名的是尼提南卡，据说它居住在冈比亚和西非其他地区的沼泽里。根据不同的描述，尼提南卡的特征各不相同，但大多数人认为它是一种头上有角或钻石的巨蛇。有人描述这种生物长达10米，并常常用来吓唬孩子远离沼泽；据说，只要看到它，人们很快就会死亡。

其他非洲野兽包括康加玛托，一种蝙蝠翼爬行动物，据说它居住在赞比亚和津巴布韦的班韦乌卢和久杜沼泽。

多年来有好几次所谓的目击事件，大多数人认为这些目击者看到的只是鸟或飞鼠。一位古生物学家认为，"康加玛托的传说源于第一次世界大战前在坦桑尼亚天岳化石床协助挖掘翼龙骨骼的当地人"。人们一直坚信康加玛托的存在，1923 年，该地的一些卡翁德人随身携带护身符，以保护自己免受康加玛托的伤害。其他非洲传说中类似恐龙的沼泽野兽包括魔克拉·姆边贝，据说它是一种与大象相似的大型动物，在长长的蛇形脖子的末端有一颗角状的蛇头，生活在刚果的沼泽和河流中；还包括奇佩奎，它是一种类似于巨型蜥蜴的中非长颈动物。

这类巨型爬行动物并不仅出现于非洲。据说，在印度阿帕塔尼山谷奇罗河周围的沼泽地里，有一种名叫"布鲁"的色彩斑斓的长角生物。它是一种巨大的蜥蜴，从鼻子到尾巴足足有 4 米长，常诱捕粗心大意的人。关于布鲁存在着不同的记载和描述。拉尔夫·伊扎德前往喜马拉雅山寻找布鲁时，一个小村庄的居民向他描述道：

> "雨季时，沼泽地很快就会泛滥成灾，成为一个大湖泊；当水位上升时，沼泽里就会出现大型动物……它们比人大得多，但角很小，向后指，而不像野牛的角那样侧向。和野牛一样，它们的颜色也是黑白相间的。"

与所有传说中的野兽一样，关于布鲁的记载也各不

**沼泽野兽**

相同。虽然阿帕塔尼人和达夫拉人都在 20 世纪 40 年代向西方游客描述了布鲁。

布斯科之兽是巨型沼泽爬行动物在美国的变种，据说它是一种大型海龟，生活在印第安纳州的黑橡树沼泽。布斯科之兽因邻近的印第安纳州丘鲁布斯科镇而得名。1898 年，一位名叫奥斯卡·福尔克的农民首次发现了它，据说此后几代居民都会定期看到它。传说布斯科之兽是一只巨大的龟，它从未被捕获或拍照，并避开了所有捕捉它的尝试，包括排干它所生活的湖水。与许多美国怪兽相比，布斯科之兽非常有名，每年在当地都有为它举办的海龟节。

虽然兽化人形的野兽包含了相当多的类型，但它仍是沼泽怪物的第二大类。第一大类往往是女巫或巫婆（一种阴险的魔法生物，有不同程度的人性或兽性）。与爬行类的大海兽不同，它们往往是十恶不赦的，善于掠夺儿童。一个有趣的例子是被称为"格劳奇·拉比"或"警告女巫"的威尔士老太婆。据说这种生物居住在威尔士的卡菲利沼泽。南特·格莱德尔河筑坝之后，河水汇集，成为卡菲利城堡的护城河。据说，当沼泽水以这种方式汇集时，格劳奇就会从被淹没的沼泽地中出来。格劳奇除了丑陋的外表，真正恐怖之处在于她的到来对镇上的人产生的影响（她翅膀发出的沙沙声总是预示着死亡）。人们以不同的方式描绘女巫：所有人都认为她有蝙蝠一样的翅膀，手指是像鹰一样的爪子。19世纪的民俗学家维特·赛克斯对她进行了生动描述：

> "幽灵是一个可怕的生物，头发蓬乱，长着又黑又长的牙齿，它又高又瘦，手臂萎缩，皮翼苍白，宛如一具尸体。在寂静的夜里，它来了，对着窗户拍打着翅膀，同时发出令人血脉偾张的号叫声，用一种拉长的临终音调叫着将死之人的名字，就像这样，'戴……维……''戴……奥……巴……赫……'"

虽然格劳奇的出现预示着不可避免的死亡，但一些

西班牙绿洲公园里的
鳄龟

故事也将她作为一个警示性的人物。格劳奇可以改变她的外表，甚至是她的性别，虽然所有人都说，她从本质上来说是一个女性，但她可以选择以男性的身份出现。

　　像当地传说中的野兽一样，格劳奇·拉比现在更多的是用来吸引游客，而不是为了真正地吓唬别人。一个鼓励卡菲利旅游业的网站利用游客猎奇的心理，在一个五颜六色的版块专门介绍了格劳奇：

　　　　"每当下起倾盆大雨时，女巫会扇动她那蝙蝠般的翅膀，发出可怕的哀号，让每个人都感到恐惧。阴险的格劳奇会在灰暗的宅院周围盘旋，拍打着翅膀……嘶吼着那些将死之人的名字。"

格劳奇·拉比，出自
托马斯·克罗克的
《童话传说与习俗》

　　在 21 世纪，格劳奇·拉比仍然预示着不可避免的死亡，但她和大多数传说中的怪兽一样，似乎不再引起人们的恐惧。

　　美国南方是许多沼泽生物传说的发源地。这些传说在世界传说中也许是独一无二的，因为它们大部分是在奴隶制的现实背景下形成的。南北战争前的南方，沼泽似乎无处不在，它们给依靠奴隶劳动和土地耕种为生的种植园主带来了各种挑战，也给受奴役的人带来了困难和机会。对于奴隶来说，沼泽是个矛盾体：它既是一个危险、令人生畏的地方，又是一个潜在的避难所，在这里，逃跑的奴隶可能会躲过追捕者，并过上相对自由的生活。

沼泽的幽灵作为奴隶逃生的手段，催生了各种各样的沼泽故事。奴隶之间流传的故事，描述了在沼泽地安家的超自然恶魔。其中最著名的是杰克灯笼，这是一种可怕的生物，它在雨夜等待着粗心的旅行者，并将他们拖回沼泽。1938年，一位名叫卡米拉·杰克逊的人在接受联邦作家项目采访时描述了一个传奇故事：

"自奴隶制期间起，如果你在一个蒙蒙细雨的夜晚出门做事，在你回来之前，杰克灯笼会抓住你，把你带到沼泽地。如果你陷入沼泽地，有人拿着火把来敲门，杰克灯笼就会把你放走。"

维特·赛克斯讲述了在非裔美国人中流行的另一个关于杰克灯笼的民间传说：

"非裔美国人称它为杰克马灯，并形容它是1.5米高的可怕生物，长着金鱼眼和巨大的嘴巴，身体上满是长长的毛，像一只巨大的蚱蜢在空中蹦蹦跳跳。这个可怕的幽灵比任何人都强壮，比任何一匹马跑得都快，驱使人们跟随它进入沼泽，并让这些人在沼泽中死去。"

杰克灯笼和他的同类们发挥了沼泽怪物故事中的传统作用：他们将沼泽变为危险的区域，超自然恶魔的领域，防止奴隶逃去太远的地方。

那些逃入沼泽的奴隶创造了不同的沼泽“怪物”故事，这些怪物给南北战争前无论是北方还是南方的报纸和杂志的读者带来了毛骨悚然的感觉。居住在沼泽中的逃亡奴隶由于远离文明而退化成一种原始的野人，因此在当时的媒体上经常能看到对野蛮、阴险的逃亡奴隶的描述。这些人有时被渲染成浪漫主义的高贵野蛮人，有时则是恐怖人物。他们后来被称为“沼泽玛伦人”，成为南方沼泽传说中的一个固定人物。

有关沼泽玛伦人最著名的是作家和插画家大卫·亨特·斯特罗瑟（俗称“波特蜡笔”）的作品。该作品发表于 1856 年的《哈珀》杂志上。这篇题为《迪斯莫尔沼泽》的作品，描绘了作者遇到远离文明的逃亡奴隶奥斯曼时的情景。奥斯曼虽然正值中年，体格健壮，身材高大，但他的脸上有一种恐惧和凶残交织在一起的神情。

当然，沼泽玛伦人的意义取决于其他人的态度和其所属地区。对于废奴主义者来说，他是一个高尚形象，提醒人们奴隶制带来的悲惨生活。对于南方白人来说，他是一个怪物，一个祸害，提醒人们奴隶主的控制是有限的，并暗藏着奴隶的报复。

约翰·潘多顿·肯尼迪在他典型的种植园小说《麻雀仓房》中，有一个冗长的场景：种植园阶级的主人公冒险进入险恶的妖精沼泽。肯尼迪描述沼泽地的语言反映了主人公的恐惧：

"不时有一棵高大的柏树出现在眼前，它从污浊的水潭里冒出来，卧在阴暗的树荫里，一半沉在淤泥中，树桩已经腐烂，树枝纷纷掉落，覆盖在泥浆上……这片沉闷之地既不是寂静的，也不是死气沉沉的，这里的居民就相当于这个地方的天才……在离我们很远的地方，黑暗的深处，尖叫的猫头鹰坐在它的栖息地，对着泥泞的池塘沉思，发出凄厉的宵禁声，像受折磨的鬼魂一样尖叫着，一声声消散在空中。"

在这里，"宵禁"一词的使用很能说明问题，它提醒我们这些年轻人在夜间漫步沼泽，就是在冒险跨越边界，违反了不成文的规定。只有在一位名叫哈芬·布洛克的沼泽向导的帮助下，人们才能回到安全地带。在舒适的阳台上，哈芬给人们讲述了一则寓言故事，一个名叫迈克·布朗的人在沼泽深处遇到了魔鬼，并被魔鬼骗了。

虽然肯尼迪的种植园田园诗对沼泽给予了应有的评价，但在南北战争后的一本诗集里，有一个更有说服力的种植园沼泽故事。在重建期间的著作中，佩奇成为南方的文学大使，呈现了一个浪漫化的种植园世界，意在激起北方和南方读者的怀旧情怀。他笔下的南方充满骑士、绅士、淑女和快乐且忠诚的奴隶。他在作品中很少讲述奴隶制的恐怖，甚至很少有这方面的隐晦暗示。《无头卒》是一个非常有趣的例外。

《无头卒》汇集了自然和超自然的沼泽恐怖故事，它将超自然的暗示和玛伦人的恐怖结合在一起，讲述了一个令人不安的暴力和复仇故事，这与佩奇一贯所述的和谐的种植园世界格格不入。一个破旧的庄园名叫"无头卒"，它位于邪恶、鬼魅的沼泽中心，所有人都对这里避之不及。这位勇敢、爱冒险的主人公，是当地种植园主的儿子，他从来不敢冒险进入这里。当地的奴隶称它为"迪斯莫尔最邪恶的地方"，甚至逃亡奴隶宁可被抓回去，也不愿冒险逃入沼泽深处。由于一系列恐怖的传闻，这座位于沼泽中心的破旧庄园被营造出邪恶的氛围：一名奴隶在建造庄园的过程中因意外被斩首；许许多多的奴隶在建造过程中感染了疟疾，甚至在死前他们就被"成群结队"地扔进阴暗的沼泽。佩奇将两个故事编织在一起：一个是残忍、凶恶的西印度奴隶主的故事，这个奴隶主曾经拥有这个地方；另一则故事是一个勇敢、强壮、刚逃出来的奴隶的故事。奴隶冒险进入邪恶的沼泽，在一场突如其来的暴风雨的迫使下，他在"闹鬼"的庄园度过了一夜。夜里，他在克里奥尔方言的咒骂声中惊醒，发现面前是一个可怕的景象：

　　"在闪电的光亮中站着一个巨大的人影，脚下躺着一根黑色的树干。就在我的正前方，他举起手中紧握的一把又长又锋利的刀，在夜里闪闪发光，刀刃上似乎有一个火球在飞舞。"

突如其来的闪电摧毁了这座房子，让奴隶得以逃脱，这一可怕的场景也被炸得无影无踪。

正如路易斯·鲁宾等故事的解释者所说，主人公的遭遇很可能是与逃亡的奴隶相关，众所周知，他为了自己的生存而宰杀牲畜。这种解释虽然避开了超自然现象，但实际上更有力地将故事与佩奇作品中常常被忽视的奴隶制下的罪恶感联系在了一起：逃亡的奴隶和其他人一样，被其监督者的残忍驱使，或被虚假的自由驱使，他宁愿选择这个荒凉的、瘟疫肆虐的地方，也不愿在种植园的生活。

美国拥有许多这样的传奇生物，它们往往被描绘成像大脚怪一样的巨人，或者被描绘成某种形式的蜥蜴人。据报道，在路易斯安那州、密歇根州、威斯康星州、北卡罗来纳州和新泽西州等地的沼泽中，都曾出现过巨大的、毛茸茸的人形生物。其中最著名的是路易斯安那州的蜜岛沼泽怪兽。据说，这种怪兽有 2 米高，被称为"伍基"，这个名字融合了民间传说、好莱坞的华丽和市场需求，是一种有趣的后现代变体，是对原始缺失环节的比喻。就像布斯科之兽和格劳奇一样，蜜岛沼泽怪兽已经成为一个旅游卖点，因为该地区众多沼泽旅游团在他们的宣传材料中暗示人们可能会看到它。

卡津邂逅之旅网站称：

"传说，在蜜岛沼泽居住着一个大型类人猿生物，灰白头发、红色双眸、性情温和……关于卡津邂逅之旅度假营的报告因人而异，但那些见过它的人说，它飞快地跑来跑去，比我们更害怕。"

1963 年，一个叫哈兰·福特的人看到了它，这是第一次有记录的目击事件，他的孙女现在经营着一个专门介绍这种怪兽的网站。网站上有从沼泽中拍摄的足迹照片，艺术家根据福特描述绘制的蜜岛沼泽怪兽画像，以及关于它的纪录片剪辑和图片。最有趣的是福特的一段话，描述了自己与怪兽面对面的场景："如果不是迫不得已，我是不会拍的……因为它看起来太像人了，但它不是人。它超过 2 米高，脸上垂着长长的灰发。我永远不会忘记它的眼睛。它的眼睛很大，是琥珀色的，很恐怖。"

不可避免的事实是，在沼泽本身受到的威胁远远大于其产生威胁的时代，沼泽怪兽已经不再让我们害怕。它们已经成为神秘动物学的奇观，成为推动旅游业发展的吉祥物。随着世界的进步，我们已经把沼泽视为亟须保护的濒危地区，而不是坚不可摧、无法航行的黑暗未知领域，小说和流行文化中的沼泽怪物也反映了这些态度的变化。

自 20 世纪中叶生态意识萌芽以来，怪物的性质发生

**路易斯安那州蜜岛沼泽**

了深刻且必然的变化。当自然受到威胁而不是威胁人类时，当野性受到进步的威胁时，体现或代表这种野性的生物就有了截然不同的性质。

当代流行文化中的许多沼泽怪兽是主角，不是反派，而是自然界的化身，用来告诫人类不要破坏自然。也许当代神话的传播者主要是漫画公司。漫威和DC等每一家漫画巨头，都以沼泽相关的怪物为特色，无论这个怪物看起来多么可怕，它都是一个英雄。漫威漫画公司的《类人体》于1971年首次亮相。他是一位名叫泰德·萨里斯的生物化学家，为了躲避恶棍，给自己注射了一种绝密配方的药，然后在佛罗里达的沼泽中撞毁了自己的汽车。因为他坠毁的地方接近神秘的、可以通往不同维度的入口——所有现实的核心。萨里斯的身体由沼泽植物重组，形成一个巨大的、无意识的、摇摇晃晃的怪物。虽然类人体没有意识，但在大多数情况下，他能感觉到别人的情绪，最明显的是恐惧，这种情绪会让他痛苦。任何感到恐惧的人都会因类人体的触摸而被灼伤。可怕但并不邪恶的类人体居住在佛罗里达沼泽中，保护他的家不受入侵者和各种威胁的侵扰，也保护了所有现实的核心。虽然类人体的知名度不能与漫威更传统的超级英雄相媲美，但它拥有一批狂热的粉丝。作家史蒂夫·格伯作为粉丝，在 20 世纪 70 年代喜欢用类人体作为标题。

DC 漫画公司的《沼泽怪物》虽然与《类人体》相似，却享有更高的知名度和更多的好评。这两个角色都在 1971 年首次亮相，创作者的灵感虽不同，却异常相似。亚历克·霍兰德是一名科学家，在路易斯安那沼泽中工作，死于有毒、受污染的水域。他是通过植物重生的，他的意识包裹在植物身体里，认为自己仍然是人类。新组成的"植物人"是有知觉的，与类人体不同，它相当聪明；此外，它还具有超人的力量，可以自我再生，并拥有从超自然感知到时间旅行的各种力量。艾伦·摩尔是《守望者》《V 字仇杀队》等系列漫画的创作者。20 世纪 80 年代，艾伦·摩尔精心设计的神话故事，既涉及地球精灵和地球的化身，也包含更强烈的环境主题。他把有意识的"植物人"描绘成"绿色的守护者"，捍卫自然的平衡，抵御邪恶和剥削。

迪克·杜洛克在
**1982** 年的电影中
饰演沼泽怪物

　　这些当代的沼泽怪兽和之前的怪兽一样，都反映了
产生它们的文化。在这些怪物出现在漫画的四十多年里，
"类人体"和"沼泽怪物"中的生态理念或多或少是公开
的，它们作为英雄怪物的基本身份，体现了纯洁的自然
与那些污染、玷污或破坏自然的人做斗争，标志着人们
对沼泽作为濒危湿地的态度发生了根本性的变化。

# 4. 奇观沼泽：乐园、避难所、艺术天堂

沼泽里似乎有某种东西，尤其是当你一个人的时候，它能够吸走你的文明之毒……某种治愈力量……让你重新开始做自己。

——摄影师兼作家格雷格·吉拉德，

《阿查法拉亚之秋》（1995 年）

广受好评的英国电视连续剧《地球脉动》，捕捉了非洲大河三角洲奥卡万戈不可思议的动人景象。奥卡万戈三角洲被誉为卡拉哈里的明珠，在旱季最为干旱的时候，这一巨大湿地系统有远道而来的雨，这些雨水从很远的地方流过来，汇聚到这里，让一片荒凉、干燥的景象重现生机。在奥卡万戈三角洲，淡水从河道渗入后方的沼泽地，部分淡水通过河马在纸莎草下面形成的通道将河流与潟湖和其他水体连接起来，或者通过大象和其他大型动物形成的地表通道在被淹没的地区重新分配。随着这些水的回流，各种各样的动物在奥卡万戈三角洲徘徊数周，寻找水源。斑马、长颈鹿、黑斑羚、羚羊、狒狒，

每年都会来到这里。奥卡万戈三角洲总共养育了 400 多种鸟类、约 1 300 种植物、70 多种鱼类和数万种无脊椎动物。《地球脉动》的制作人将奥卡万戈三角洲视为天堂——一个未受破坏、充满生机的伊甸园，赋予卡拉哈里众多生命。

奥卡万戈三角洲拥有各种沼泽，包括大面积的永久性沼泽以及因季节性或偶然的洪水而变成沼泽的其他地区。这些沼泽对三角洲的再生和滋养至关重要，"三角洲主要是在季节性沼泽和偶尔出现的泛滥平原（水生和陆地世界交汇的地方）恢复活力，创造财富"。沼泽中的水是干净的，没有受污染的，就像影片中所说的那样，"任何到访三角洲或使用沼泽水的人都会惊叹水的清澈和纯净"。

南美洲的潘塔纳尔是一个广阔且多样的湿地系统，跨越玻利维亚、巴西和巴拉圭的部分地区，其名字的本意是沼泽或湿地，它是一颗以纯净而闻名的明珠。潘塔纳尔是一个极为独特的生态系统，生活着数百种鸟类、数千种昆虫以及种类繁多的植物群，甚至还有该地区的标志性动物美洲豹。学者们在撰写该地区的文章时，不仅强调它惊人的美丽和生物多样性，而且强调它是一个原始而脆弱的伊甸园；一位学者甚至称其为人类对自然造成破坏后"唯一的天堂"。

这些沼泽的伊甸园景象与传统的沼泽形象大相径庭。正如我们所看到的那样，在历史的大部分时间里，将沼

奥克万戈三角洲俯瞰图

奥卡万戈河的日落

泽视为障碍或危险而与其进行斗争，或者由于某些因素人们对沼泽持有负面看法。传统上沼泽被描述为死亡之地，但沼泽充满了生命，孕育着各种动植物。长久以来，人们认为沼泽是被污染的，是瘟疫和疾病的温床，但实际上，沼泽可以清洁和过滤流经沼泽的水。现在，我们对沼泽地的认识已经足以让我们忘掉沼泽被死亡和腐烂笼罩的形象。虽然大多数当代人对沼泽地的描绘，可能仍然借助于阴暗或危险，但它们也强调了这些濒危地区的美丽和脆弱。显然，这种观念上的转变，一定程度上是因为沼泽不再是过去那种不可逾越的空间：当一个空间不得不被积极保护时，它就失去了激发恐惧和害怕的力量。然而，除不再害怕沼泽外，我们对沼泽的看法在

巴西马托格罗索州的潘塔纳尔湿地

路易斯安那州查尔斯湖

很大程度上与传统观念背道而驰，这些传统观念将沼泽
与瘟疫和邪恶相关联。

在大众的想象中，沼泽从有毒的地狱转变为未受污
染的伊甸园，其核心是人们对自然和文明的态度发生了
一系列转变，用新的观念和联想取代了旧的观念和联想。
沼泽在很大程度上被誉为纯净的荒野之地，纯真之地：
未受破坏（但总是受到威胁）的地方，是腐败、扩张和
疫病的对立面。这种转变源于科学技术的进步：我们对
沼泽有了更全面的了解，并且真正能够以惊人的速度轻
松地排干和清理它们。这也在很大程度上归功于人们转
变了对自然和荒野的态度。复兴的、浪漫的沼泽与持续
的、盛行的沼泽污名融合在一起，为沼泽的价值增加了
新的维度。

纵观西方历史，自然界本身即使不是彻头彻尾的邪
恶，也是存在危险的。自然景观中野生的、未被驯服的
沼泽象征着人类的道德沦丧或人类的任性，而艺术和文
学中描绘的沼泽，绝大多数时候象征着混乱、危险或邪
恶。当然，美国的大多数殖民者毫不犹豫地将荒野视为
灾难：英国浪漫主义者受到但丁和弥尔顿的影响，而美
国人对自然的态度则是受宗教的影响。许多早期的美国
著作，特别是关于俘虏的叙述，用沼泽比喻灵魂考验，
呼应死亡和悲伤的主题。

这种对待自然和沼泽的态度一直持续到 19 世纪，至
今仍然影响着流行电影和小说中的一些沼泽形象（尽管

托马斯·摩尔，仿托马斯·劳伦斯的画作，19世纪

近几十年来，这些电影和小说中都带有生态意识）。即使是沼泽的浪漫主义景象也强调了它们的忧郁和与死亡的联系。19世纪初最著名的沼泽诗也许是爱尔兰诗人托马斯·摩尔的《荒凉的沼泽湖》，它讲述了一个年轻人的故事，他的爱情被埋葬在坟墓里，坟墓"太冷太湿／不适合如此温暖和真实的爱情"，他乘着白色的独木舟到了传说中的湖边，出没于沼泽地。年轻人决心不放她走，冒着

沼泽的危险与她重逢，最终与她在白色的独木舟上相聚。
无论这首诗的构思多么浪漫，它都明确地把沼泽视为死
亡和危险，使年轻人的旅程和牺牲变得更加高尚。

　　在北美，靠近未被征服的沼泽的地方一般不会孕育
出其他的情感，尤其是在沼泽密集的南方。卡罗来纳州
南部的诗人、小说家和历史学家威廉·吉尔摩·西姆斯
在他的诗《沼泽边缘》中体现了消极的一面：

　　　　"这是荒野，看起来很阴暗；

　　　　鸟儿在树上从不欢唱，

　　　　嫩叶似乎也枯萎了。枯萎不断蔓延，

　　　　四处散布有毒物质，

　　　　污染着冒泡的露水，

　　　　那只手敢轻率地穿透隐秘之处。"

　　西姆斯的沼泽是忧郁的、难以穿透的、有毒的、
有潜在传染性的。它的居民是开曼群岛人。在这样的
环境中，最适合居住的居民是长着钢铁下巴的怪物，
他慢慢地爬到他那黏糊糊的、绿色住处。其他不那么
具有威胁性的怪物则与生死联系在一起，"一只白鹤平
地而起，一边尖叫，一边飞翔"。西姆斯的沼泽恐怖不
仅源于沼泽里的动物。植被本身也散发着哀伤和恐怖的
气息：

《窥探大迪斯莫尔沼泽》，选自爱德华·金的《伟大的南方》

"那里不适宜任何植被生长，

没有任何美丽的东西！野生的、破烂的树木，

看起来像重刑犯幽灵——恶臭的灌木，

破坏了阴暗的气氛——黄昏的阴影，

聚集在一起，一半是云，一半是魔鬼，

潜伏在沼泽的边缘。"

　　西姆斯的诗集是沼泽经典形象的表现：奇怪而危险
的野兽，超自然恶魔的痕迹，令人作呕的有毒空气，甚
至犯罪的线索（"重刑犯幽灵"）和彻底的恶魔。为了
突出环境的危险，他描述了一只蝴蝶的命运之旅，这
只"夏日花木的花花公子"意味着美丽和纯真，到目前
为止，它"飞过许多温暖的地方 / 只有在花丛中"，它不
知不觉飘进了这个地狱般的泥沼。它落在了鳄鱼的头上；

可可西里沼泽10月
的日出

《哈珀周刊》插图

野兽潜入水中，使蝴蝶"'浸湿'它轻盈的翅膀，'毁了'
它金色的外衣／沾满浑浊池塘的臭水"。这首诗的最后一
幕受伤的蝴蝶充满"悲伤"，飞向更美好的环境——"赶
快／去找更好的住处，和更美好的风景，／比今晚这些阴
郁的边界提供给我们的要更好"。

　　在《沼泽边缘》中，没有出现一丝美丽的气息，没
有出现一丝对荒野的欣赏和尊重。诗中的张力来自美丽、
脆弱的自然界的典范蝴蝶与凶险、充满瘴气的沼泽之间
的对比。在这里，蝴蝶是外来者；即使它逃出来了，它
的美丽也被沼泽的毒水破坏。沼泽的魅力在于它的恐怖。
真正令人沮丧的是，那只可怜的蝴蝶的命运，让机警的
旅行者必须避开沼泽。同样重要的是，西蒙斯强调沼泽

的野性，在这首短诗中，他三次提醒我们，沼泽是荒凉的。他暗示，野性是其危险的来源。西姆斯的诗几乎提炼了所有对沼泽的消极联想，这些联想与救赎式的描写相抗衡。

19世纪初名为浪漫主义的思想和艺术运动以不同的方式在欧洲和美国扎根，它试图用一种新的颂扬自然和荒野的方式取代启蒙时代的理性主义，但英国浪漫主义诗歌中沼泽的作用仍然渲染着阴郁、罪恶和悲伤的传统主题。约翰·济慈、珀西·比希·雪莱、塞缪尔·泰勒·柯勒律治等英国著名浪漫主义诗人，仍然用风景来象征道德和精神上的任性，或者将其与精神分裂相联系。沼泽在欧洲大多具有象征意义；在美国，沼泽是客观实在，是迫在眉睫的现实挑战，是即将遇到的感官体验。因此，美国浪漫主义者站在了一种新式自然观的前沿，这种新式自然观赞美了长期被妖魔化的沼泽。

拉尔夫·沃尔多·爱默生可能是美国最具影响力的浪漫主义者，他呼吁新式美国学者应该依靠自己与周围世界的无中介经验，而不是依靠继承的、编纂的知识中毫无生气的话语，并呼吁要通过对自然世界的沉思，建立新的关系。在著名的文章《论自然》中，爱默生问道：

> "我们在自然中孕育，被生命的洪流环绕，自然以其力量邀请我们，作出相应的行动，我们为什么还要活在死人骸骨中，用褪色过时的衣服打扮呢？"

真理、觉悟、超越，甚至是神，都要在自然界本身找到：

"在森林里，我们回归理性和信仰。在那里，我不会遇到任何事情，没有耻辱，没有灾难（请给我留下双眼）。站在空旷的大地上，我的思绪沐浴在明朗的空气中，升腾于无限的空间，所有刻薄的利己主义都消失了。我变成了一个透明的眼球；我化为乌有，却遍览一切；宇宙的激流在我全身流淌；我

奥克拉瓦哈河

沼 泽

只是上帝创造的一部分或微粒……我是不受拘束和不朽之美的情人。与街市或村庄相比，我在荒野中体会到更亲切、更可贵的东西。在宁静的景色中，特别是在遥远的地平线上，人们看到的景色如自己的本性一样美丽。"

爱默生的思想对美国的自然观和神学观念产生深远的影响，在他指导下的作家和思想家亨利·戴维·梭罗的思想也产生了类似的影响。

"我想为自然发声，为它的绝对自由和野性说一句话，它与仅仅是公民的自由和文化形成对比——把人看作是居民，或者是自然的一部分，而不是社会的一员。"亨利·戴维·梭罗的文章《散步》就是这样开始的，这篇文章与他的其他作品一样，表明了他对自然的态度。梭罗最著名的作品是《瓦尔登湖》，他讲述了自己为了有意识地生活、深入地生活，吸取生命的精华而退隐到瓦尔登湖，过着自然和孤独的生活。这种精神使《散步》自始至终都充满了活力，并为他对沼泽的讨论提供了素材。

对于梭罗来说，荒野不是人类文化中的一个元素，而是对人类文化人为建构的一种逃避。具体说，他对沼泽的描写，体现了传统塑造的经验和自然沉浸的野外之间的反差。在他的文章中沼泽首先以负面的形象出现，是梭罗对人的看法的一部分，他认为一个人除占有外，无法看到自然，他认为：

"世俗的守财奴，有一个测量员帮他看管着边界，而天堂就在他周围……他没有看到天使们来回走动，而是在天堂中寻找一个古老的洞穴。我又看了一眼，看到他站在一片潮湿、阴森的沼泽中间，被魔鬼包围着，毫无疑问，他已经找到了自己的边界，三块小石头，一根木桩被钉在那里。再往前看，我看到黑暗王子就是他的测量员。"

这里阴森的沼泽不是自然界的产物，而是通过栅栏
和边界使自然界廉价化的产物，是守财奴自己创造的
地狱。

在这部作品的后面，沼泽的纯粹野性与这样一个讽
刺的现象形成了鲜明的对比：

"我的希望和未来不在草坪和耕地里，不在城镇
和城市里，而是在不可渗透的、颤抖的沼泽里……
我从家乡周围的沼泽中获得的生计比从村里的耕地
和花园中得到的要更多……是的，虽然你可能会认
为我不正常，但如果有人建议我住在人为创造的最

马丁·约翰逊·海德，《罗德岛的沼泽》，1866年，布面油画

**大沼泽地荒野保护区
的秋天**

美丽的花园附近，或者住在一个凄凉的沼泽里，我
肯定会选择沼泽。那么，市民们，你们为我所做的
一切努力都是徒劳啊！"

对于梭罗来说，沼泽以花园所不能提供的方式滋养
着灵魂。耕作剥夺了自然界的道德纯洁性，剥夺了它提
供精神食粮的能力，这显然是对一些人理想的颠覆。在
《散步》中，梭罗给自然赋予了一种基本的道德纯洁性，
把自然看作是彻彻底底的道德指南针，"我相信大自然中
有一种奇妙的磁力，如果我们不自觉地跟随它，它就会

指引我们正确的方向"。越是荒凉的环境，越是远离驯
服、温顺的文明，梭罗的精神体验就越是真实和纯粹。
因此，沼泽这个最狂野的景观，对他来说就成了精神复
兴的场所。

> "当我要重振信心的时候，我就会寻找最黑暗的
> 树林，以及对市民来说，最茂密的、最无休止的、
> 最凄凉的沼泽。我把沼泽当成一个神圣的地方。这
> 是力量，是大自然的精髓。野生的木头覆盖着原始
> 的模样——相同的土壤对人和树木都有好处……在
> 这样的土壤中养育了荷马等人，而在这片荒野外则
> 诞生了吃蝗虫和野蜂蜜的'改革家'。"

梭罗的文章代表了一种根本性的转变，即推翻了文
明就是走出沼泽的观念，这种观念我们从斯堪的纳维亚部
落，从沼泽搬到大庄园就已经看到了，这预示着对荒野的
赞美。这种赞美从根本上将沼泽视为伊甸园而不是冥界。

虽然梭罗较为激进，在对待沼泽文化方面有些超前，
但这是可以理解的。他在日记中称，"在某个幽静的沼泽
里待一整个夏天，探寻甜蕨和越橘的踪迹，听着蚊子和
蚋的吟唱，是一种奢侈"，这种观点即使是在当代的环保
主义者中，也很难引发强烈的认同。更为常见和广泛的
是人们重新对沼泽进行了更加慎重的评价，这种评价与
其说是对沼泽纯洁性的重视，不如说是对沼泽风景的重

阿尔弗雷德·鲁道夫·
沃德，《奥普卢萨斯
铁路上的柏树沼泽》，
《哈珀》杂志插图

视。沼泽不是伊甸园，而是充满魅力、神秘、危险和冒
险精神的地方。作家和艺术家越来越多地欣赏沼泽的自
然之美，而周围人们的观念使沼泽的自然之美更加迷人。

19 世纪中期，诗人、旅行作家和游客对沼泽的看法
发生了变化，这些变化也反映在视觉艺术中。风景艺术

沼　泽

士兵在沼泽中休息，插图选自詹姆斯·爱德华·亚历山大爵士的《横渡大西洋的素描》

有一个悠久的传统，即把自然看作是一种可以超越或驯服的东西，而不是"与之交流"的东西。浪漫主义的自然观念开始取代传统的、保守的描写，这些描写认为自然是需要征服的东西。在 19 世纪，沼泽和丛林成为景观艺术家时常选用的题材，无序、粗糙、单调、杂乱的景

阿尔弗雷德·鲁道夫·沃德，19世纪的《密西西比沼泽的日落》

观取代了传统的、有序的和寓言式的自然景象。自然画家开始把宗教式说教和保守的道德主义抛在脑后，开始接受沼泽和其他荒野之地。沼泽和丛林拥有丰富的野生植被，往往是无政府状态的，在这个意义上，沼泽本身就对传统道德价值产生了挑战。

　　阿尔弗雷德·鲁道夫·沃德和约瑟夫·鲁斯林·梅克的作品体现了沼泽形象的这种转变。沃德在内战期间的作品加深了读者对沼泽的印象，认为沼泽具有威胁性和禁忌性，战后他带着赞赏回到了佛罗里达沼泽。以前他关注沼泽带给联邦士兵的艰辛和恐惧，而现在他把沼泽地描述为一种神圣的空间。

沼 泽

　　艺术家约瑟夫·鲁斯林·梅克在 19 世纪 70 年代和 80 年代都画过令人惊叹的沼泽风光。梅克曾在战争期间担任联合军舰的军需官，亲眼见过沼泽，他的画作以他在服役期间创作的素描为基础，在阴影和光线的相互作用中描绘了一种神秘的美。

　　在梅克等艺术家的作品中，对自然的客观表现让位于主观，道德上的明确性让位于模糊性。月光以其周围的、间接的光芒，取代了那个时代许多沼泽画作中透彻的、有序的阳光。沼泽画往往以黄昏的风景为主，介于两种状态之间。那么，沼泽形象则遵循着一种普遍的模式，即从传统的、充满道德感的自然表象转向对模糊性

约瑟夫·鲁斯林·梅克，《伊万杰林的土地》，1874 年，布面油画

的赞美。

　　浪漫主义时代的其他画家受到时代对野性欣赏的启发，以各种方式描绘沼泽。弗雷德里克·丘奇是哈德逊河画派的浪漫主义风景艺术画家，他的画作突出了大自

哈里·芬，《佛罗里达沼泽》，选自威廉·卡伦·布莱恩特的《风景如画的美国》

然令人敬畏的地方。丘奇对丛林风景情有独钟，他在画作中将自己的感受引入热带沼泽。《荒野曙光》描绘的是一个丛林场景，坐在一艘小船上的人，因周围广袤的丛林而显得矮小，这是典型的丘奇风格。哈德逊河画派的另一位艺术家雷吉斯·弗朗索瓦·吉格诺在《北卡罗来纳州忧郁的沼泽》等作品中赞美沼泽。在吉格诺的画作中，弯曲阴暗的沼泽沐浴在金红色的夕阳下，给人以宁静之感。

马丁·约翰逊·海德是一位风景画家，痴迷于狂野、美丽、具有潜在危险的风景，他在作品中描绘了各种湿地。海德拍摄了家乡新英格兰的盐沼，着眼于探索这片独特景观中的光线。在热带地区旅行时，海德还画了茂密的丛林，强调了光和影以及热带植物群之间美丽又混乱的紧张关系。在他绘画生涯的晚期，海德将注意力转向了佛罗里达州的沼泽。作为一个狂热的猎人，海德平衡了与自然的对抗关系以及对沼泽的欣赏。

具有讽刺意味的是，沼泽形象在大众印象中得到恢复，一定程度上是由消费文化推动的，这种文化逐渐将沼泽作为旅游目的地，并因其异国情调而受到美学上的赞赏。在美国内战后的几十年里，来自美国和欧洲的游客开始涌向充满异国情调、引人入胜的南方沼泽，这是新兴的消费主义的一部分，它将这些地方作为消费对象和消费体验。有钱的闲人想去看这些迷人的、阴郁的、风景如画的地方，而且愿意花钱去看。这种消费主义的

**基尔默沼泽疗法**

转变在多个方面具有讽刺性。正如我们所看到的，沼泽文化常常被外界和历史学家定性为反消费主义的文化，这使得人们通常赞美它一尘不染，或者更多的是嘲笑它没有工业。如果说消费文化是发展的终点，生产的必需品被维持健康经济的消费必需品取代，那么沼泽似乎是它的天敌。不过，从 19 世纪开始，清理和开发沼泽的愿望与通过相对（但不是完全）良性的旅游来"消费"沼泽的愿望交织在一起。

南方联盟在南北战争中的失败促使 19 世纪末整个南方，特别是沼泽地区的浪漫主义复兴。在重建时期，整个国家设计南方走了一条道路，这条道路与数百年来沼泽所走的道路相似：一旦沼泽作为一个实际的威胁被消除，南方种植园就越来越多地受到颂扬，成为快速现代化、城市化和机械化文化的替代选择。托马斯·纳尔逊·佩奇的小说和故事等"失落"文学作品，展现的南方种植园里居住着庄严善良的骑士主、优雅高贵的女士和快乐满足的奴隶。这些作品表明，沼泽是现代喧嚣的最后一种可能的选择，一种与土地和自然相联系的生活，这种生活不是与竞争有关。来到南方的游客对它独特的、古朴的、风景如画的景色感兴趣，越来越多的人被沼泽吸引，渴望看到这些荒野景观，而这些野性的景观，无论好坏，都强烈认同南方文化。

　　到了 19 世纪中叶，旅行作家也开始以新的方式介绍沼泽，呼应了浪漫主义神秘、魔幻、生动、阴暗的沼泽形象。托马斯·艾迪生·理查兹的《美国风景的浪漫》

**水中的白鹭群**

已经显示出这种趋势的特征，这种趋势将在南北战争后的几十年内真正出现。理查兹提到了神秘沼泽的精灵美人，并将沼泽的黑暗和危险描述为快乐的源泉，而不是痛苦的源泉。

布鲁布莱克先生说，"我最喜欢的地方，是黑暗且有毒的潟湖，它能通向幽灵沼泽神秘的中心。我乘坐独木舟缓缓穿过这些阴暗的通道，黑水里满是毒蛇和潜伏的鳄鱼，夹杂在中间的柏树枝、木兰花的深色叶子和那密不透风的藤蔓挡住了白天的光芒，到处都挂着欢快拖曳的苔藓和哀伤的花冠——我的想象力在上千种狂野而沉闷的想象中放纵，直穿你的灵魂，让你去聆听"。

当然，这里的观点与梭罗的观点截然不同：布鲁布莱克先生没有把沼泽地当作纯净的空间，而是在它们的危险、阴暗和忧郁中找到了富有想象力的灵感。沼泽逐渐摆脱现实危险和迷信的烙印，成为浪漫主义想象力的游乐场。

19 世纪最著名的旅游书籍是 1872 年和 1874 年出版的两卷本《风景如画的美国》，由著名诗人威廉·卡伦·布莱恩特编辑。它以丰富的木版画和钢版画为插图，获得了巨大的成功，满足了人们游览美国未受破坏的地方的欲望。《风景如画的美国》将对沼泽之美的欣赏和对潜在威胁的惊悚气息结合在一起：

"我们的小船从一个柏树桩颠簸到另一个柏树

阿尔弗雷德·鲁道夫·沃德,《白玉兰沼泽》,出自威廉·卡伦·布莱恩特的《风景如画的美国》

桩，碰到了一个所谓的柏根膝……一不留神，就闯进无数仙鹤的栖息地，或者驱散了水面上的野鸭子和巨蛇。一片晴朗的天空映入眼帘，夏日傍晚的亮光将古柏树的羽冠映衬得光彩夺目，无数鹦鹉因我们的闯入而惊慌失措，发出愤怒的叫声，飞走时闪现出的绿色和金色交织的羽毛，让我们赞叹不已。"

黑暗和危险抵消了美丽，这种美丽与原始的、异国情调的危险并存，并以此获得影响力。当旅行者在黑暗的沼泽中前行时，他们开始担心飞行员如何带领他们安全地穿过"埃及的黑暗"。黑暗中浮现出奇怪的景象：

> "任何想象力都无法想象出这样一种怪诞和怪异的景象，它能不断吸引你的注意力，光线照亮残破或半毁的树枝，树枝上覆盖着苔藓，或被腐烂的植被包裹着，就像一张裹尸布，似乎是巨大的未埋葬的怪物，它们虽然已经病入膏肓，但仍然痛苦地挥舞着手臂，并以呆滞的目光注视着人们的入侵。"

美丽变成黑暗，黑暗变成恐怖和死亡的幻象，但结果不是恐惧，而是迷恋。这些人并不是迷失的绝望的殖民者，他们是游客，为读者的代入感提供充满想象和激情的画面。沼泽之旅让我们从可怕的恐怖走向唯美的荒凉：

> "又划了一会，我们又进入了柏树丛中，火光给人以新的画意。高大的树干笼罩在垂下的青苔中，看上去就像披上了悲凉的衣裳，风从树枝中吹过；当听到鳄鱼的呻吟和抱怨时，这幅悲凉、凄惨的画面就完整了。"

《风景如画的美国》说明沼泽不再是历史上那种充满威胁的空间。现在，沼泽更容易接近，危险性大大降低，

莫里斯·加兰·富尔顿，《拉尼尔橡树》

它们被当作奇观来欣赏，曾经那些让人逃避的故事，现在都会让人在参观沼泽时感到兴奋。

　　著名的诗人西德尼·拉尼尔是那个时代最杰出的旅行作家，他把佛罗里达的沼泽视为心灵的游乐场，滋养

威廉·麦克罗文，《奇卡霍米尼沼泽》，1862 年，水彩画

灵魂，激发想象力。拉尼尔的著作《佛罗里达：风景、气候和历史》在南北战争后日益庞杂的南方旅游著作中脱颖而出，但拉尼尔很少写这种类型的诗。正如他在引言中所说的那样：

　　"佛罗里达的沼泽奇观没有出现在报纸段落中，没有出现在杂志中，也没有出现在旅游指南中……佛罗里达的沼泽无限放大了许多人的快乐和许多人的存在感，以对抗现代生活的普遍性。"

拉尼尔认为沼泽是现代喧嚣和无聊田园的"解毒剂"，但这种观点并不是独一无二的，它引起了梭罗和巴特伦等一些作家的共鸣。不过，拉尼尔并没有被动地凝视着它们的性感之美，而是在沼泽中看到了近乎无限的想象火花。他对佛罗里达沼泽通道的描述从一个不太可能的联想跳到了另一个联想：

　　"起初，这些藤蔓形象就像沿着教堂过道排列的无尽的队伍。但现在，随着旅游的发展，这些形象逐渐淡出人们的脑海，而千百种其他的幻想浮现在人们的眼前，呈现出不断更新的藤蔓形象。人们看到所有已知的、重复的形式以怪诞方式重叠。看！这里有一大群女孩，双臂举过头顶，在水中跳舞；这里有高高的丝绒扶手椅和可爱的绿色长凳，花纹各异，垫子柔软……那边是一个奇异的大会，乌娜骑着她的狮子，亚瑟和兰斯洛特在战斗中高高举起了剑。亚当因爱情和悲伤而屈服，带领夏娃走出了天堂……这是一场万物与时代的绿色之舞。"

拉尼尔也许代表着沼泽形象最终改变，在他的描绘中，沼泽摆脱了长期以来的形象，拉尼尔没有用浪漫主义和可预测的方式来取代这些故事，而是让他的想象力在一系列狂野的故事中游走。

当然，沼泽一直以来都是实际和观念上的游乐场。自古以来，狩猎和捕鱼就是湿地魅力的一部分。路易斯安那州被誉为"运动员的天堂"，这在很大程度上是源于路易斯安那州广阔的湿地所提供的狩猎、钓鱼、划船和其他娱乐活动场所。这些传统自殖民时代就在南方扎根，是大多数沼泽地区文化的基础，是南方人与土地之间近乎神话般联系的基础，这种联系源于南方的农业传统。20 世纪以来，一旦这些地区摆脱了污名，这些传统就会越来越多与荒野、滩涂和沼泽联系在一起。到了 20 世纪 20 年代和 30 年代，美国人们普遍意识到湿地是濒危地区，并且这种意识在不断增强。生态学家并不是唯一关注这一点的人。威廉·福克纳是 20 世纪最杰出的南方作家，他在面对消失的荒野时，创作了一首复杂而抒情的赞美诗《熊》，这首诗融合了文化、生态和精神等多方面素材。福克纳的故事围绕着猎杀体现荒野精神的大熊

埃米尔·让·霍勒斯·弗内,《蓬蒂内沼泽的狩猎》,1833年,布面油画

沼泽旅游的路标,路易斯安那州蒂波多市

"老本"的仪式展开，将猎杀与密西西比河谷日益减少的仪式庆典联系在一起，让读者感受到自然景观在大幅度减少。无论是否出于文学情怀，爱好运动的人都开始认识到清理和开发沼泽影响了他们的生活方式。

在湿地保护方面，人们团结一致。一些猎人和渔民与乔治亚州野生动物联合会等组织的学者和保护主义者并肩作战，他们自豪地采用了"布巴环保主义者"的头衔。乔治亚州野生动物联合会由爱好运动的人于 1936 年创立，后来成为乔治亚州最著名的环保组织。正如他们在网站上宣称的那样，"今天，我们的成员包括观鸟者、猎人、垂钓者、教育者、园丁、徒步旅行者……这是一个多样化的群体，我们因关注环境和保护环境而团结在一起"。野鸭基金会成立于 1937 年，自称是"湿地和水禽保护的世界领导者"。它将倡导栖息地保护的重点议程与接受和赞美狩猎文化相结合，强调湿地保护对美国南部的重要性。

这种将自然环境保护与文化和娱乐联系起来的模式，有时以复杂而矛盾的方式在世界各地的湿地上演。沼泽在某种程度上普遍受到开发、污染和自然灾害的威胁，要想让它们生存下去，就必须积极保护它们，而这种保护需要政治力量的支持。因此，官方政府机构以及私营企业家，通过沼泽之旅，给人们提供了进入沼泽的机会。然而沼泽的吸引力在很大程度上在于它原始的、未被破坏的性质。

**奥卡万戈三角洲**

当代沼泽旅游结合了大量的传统观念和联想。不同的公司，沼泽旅游的关注点不同，它们可能会强调接触原始自然、沼泽文化、个别野生动物或上述各项的某种组合。世界各地的旅游团针对不同的受众，强调湿地的不同方面。例如，奥卡万戈三角洲的旅游团强调稀缺性和排他性，任何时间都严格限制游客数量。非洲旅游资源公司自豪地称，奥卡万戈三角洲提供的可能是非洲最原始、最优质、价格最高的野生动物园……奥卡万戈三

角洲都被划分为广阔的私人特许经营区，游客数量受到
严格限制，度假营一般只能由轻型飞机进入。

奥卡万戈的旅游费用相当昂贵，其原因正如非洲旅
游资源公司在《奥卡万戈旅游指南》所解释的那样，游
客付费是为了保持原始的孤独感。博茨瓦纳政府从 20 世
纪 80 年代末就开始控制游客数量，《奥卡万戈旅游指南》
将其描述为"一项非常成功的低数量、高价值的旅游战
略"。三角洲周围有许多私人特许经营区，每个经营区一
次只允许非常有限的客人进入。人为的游客稀缺，就成
了它的卖点：

> "在奥卡万戈的私人特许经营区，你可以真正感
> 受到野外的乐趣。在游车河中，你最多只能遇到几
> 辆来自同一度假营或相邻度假营的车辆。在徒步旅
> 行和独木舟游玩时，可能只有你和你的导游在丛林
> 中。这确实能带来不一样的孤独感，当你意识到你
> 的钱能得到什么的时候，那就很划算。"

独享原始荒野、与世隔绝的壮丽景观——奥卡万戈
之旅提供了一个高档、昂贵的梭罗式理想之旅。

一些奥卡万戈旅游团强调其他特点，特别是推销传
统的"原始"文化。其中一个是由环游非洲公司提供的
旅游项目，宣传在观赏野生动物的同时，欣赏布什曼部
落舞蹈。还有一些旅游项目将粗犷的冒险和部落传统与

不同程度的奢华结合起来：奥德利旅行社宣传乘坐传统的独木舟旅游，住在沿途的帐篷以及拥有休息室、酒吧和游泳池的豪华度假营。

生态旅游不仅推销独处和原始荒野，而且推销环保意识和利益，这也成为体验世界沼泽的流行方式。未知生态旅游公司提供的颇具趣味性的潘塔纳尔之旅，占地面积小是其主要卖点：

> "每一位参与者都将贡献一笔捐款，用于保护潘塔纳尔的生态系统……生态旅游对您以及我们所参观的地区产生重大影响。"
>
> "我们将雇佣当地人。"
>
> "我们将使用当地拥有和经营的旅馆和旅行用品店。"
>
> "我们将使用当地的商品和服务。"
>
> 该页面最后给出了提示，或许是针对习惯于付费游览大自然的游客提出的："我们希望在这次旅行中能同时遇到野生美洲豹和貘，但是，不能保证看到它们。"

也许，在美国，生态旅游正变得越来越受欢迎，但旅游的营销方式往往略有不同。有些旅行团强调与当地文化的联系，会吸引不同的受众，而不是像奥卡万戈和潘塔纳尔等"冒险旅行"目的地吸引世界旅行者。其他

一艘穿越路易斯安那
州沼泽的观光船

一些旅游公司则在宣传册和网站主页上刊登张着大嘴、
露着锋利牙齿的短吻鳄的照片，以突出旅游的刺激感。
路易斯安那州南部和佛罗里达州等沼泽旅游中心提供各
种旅游项目以满足游客不同的体验和兴趣，这结合了绝
大多数传统的、矛盾的沼泽元素。有的强调卡津文化，
有的强调生态环境，有的强调原始荒野，有的强调惊悚
刺激，有的强调遇见濒危野生动物。这些旅游项目为每
个顾客提供了他或她所追求的沼泽。

　　佛罗里达州塞米诺尔部落官方网站主页上的广告
"比利沼泽野生动物园"为当代多方位的沼泽旅游提供了
一个范本。比利沼泽野生动物园承诺游客可以"参观佛
罗里达州塞米诺尔部落保护的约9平方千米未开垦的佛

罗里达大沼泽地"，并根据不同游客的品位和兴趣定制不同的旅游路线。空中飞艇之旅专注于在原始的、未受破坏的环境中观看动物，而沼泽汽车生态之旅则将近距离接触动物与了解塞米诺尔人的历史和文化相结合。对于生态关注度较低的人，比利沼泽野生动物园提供了毒蛇表演和沼泽小动物表演。

在路易斯安那州的沼泽旅游产业中也会发现精明的企业营销方式，它将自然的魅力、文化的真实性和表演结合起来。埃里克·威利在他的文章《荒野剧院：环境旅游和卡津沼泽之旅》中，简要介绍了路易斯安那州沼泽之旅的历史。虽然佛罗里达州的旅游业从20世纪初就已经开始流行，但第一家沼泽旅游公司直到1979年才开业，安妮·米勒根据泰勒博恩教区商会的想法，开设了这家公司。此后又有数十家公司开业，它们通常采用类似的营销方式，同时强调沼泽体验的各个方面。有些公司，如卡津·普赖德沼泽之旅，专注于文化表演。名为"野人"和"竞技鳄鱼"等的导游，成为爱玩的、快乐的、居住在沼泽地的卡津人的神话人物的化身。正如威利解释的那样，卡津导游已经加入卡津艺人的行列——脱口秀演员、歌手、讲故事的人和电视直播厨师，他们作为卡津文化的独奏者，在导游过程中结合了当地的方言、故事和音乐。这些导游对于阿卡迪亚来说，就像保罗·霍根和已故的史蒂夫·欧文对于澳大利亚一样，夸张的人物、粗犷无畏的真实性，展现了卡津沼泽。正如威利所说，吸引游客的不是沼泽，而是卡津沼泽。"鳄鱼安妮"、"卡津人"和"卡津人杰克"都是以卡津民俗文化为媒介解读湿地的人。

然而，卡通版的卡津人只是吸引人的一部分。沼泽旅游还推销不确定性，这种不确定性存在于原始、未受破坏的自然和与某些野生动物相遇的承诺之间。例如，曼森的沼泽之旅号称是路易斯安那州最正宗的沼泽之旅，

20 世纪 70 年代，路易斯安那州斯利德尔附近的蜜岛沼泽之旅

路易斯安那州托雷斯
沼泽旅游的标志

人们将处于百年未变的野生环境中，感受最原始的自然。
对于所有未被破坏的自然和真实性的承诺，大多数沼泽
旅游公司强调一件事：野生动物，特别是鳄鱼，像大海
兽一样是沼泽危险的化身。导游通过在水里撒棉花糖来
吸引鳄鱼，鳄鱼一般都很温顺，很少对导游发起攻击；
大胆的导游有时会哄骗鳄鱼跳出水面，从船边抢夺所提
供的食物。曼森沼泽之旅的网站主页上有一位导游用手
搂着鳄鱼的下巴，标题是《你想离得多近？》。沼泽之旅
除承诺可以接触到纯粹、原始的大自然外，还提供了接
触野生动物的机会，这些野生动物会像马戏团的动物一
样有规律地接近游客并为他们表演。

　　对于那些对沼泽周围超自然传说感兴趣的人来说，
一些旅游也强调了这些元素。保罗·瓦格纳博士的蜜岛
沼泽之旅，以栖息在沼泽地周围类似伍基的怪兽（蜜岛

沼　泽

当太阳滑到地平线以
下时，湖边的秃柏

凯伦・格拉泽,《沼泽中的罗伯茨湖畔》

沼泽怪兽)的传说来吸引游客。

　　如果说当代沼泽游将矛盾的主题层层叠加,形成一种后现代的沼泽形象,那么当代沼泽艺术则是一个包含探索、挽歌、愤怒和生态行动主义的多元化领域。以沼泽为题材的当代艺术家受到各种不同动机的驱使,研究当代沼泽被框定和转化为视觉奇观的一些方式,为研究

当代沼泽的状况提供了有趣的视角。

格雷格·吉拉德是本章开头提到的艺术家，他的照片贯穿本书。他是土生土长的路易斯安那州圣马丹维尔人，一生大部分时间生活在路易斯安那州阿查法拉亚盆地沼泽，在从事教学、写作和摄影工作的同时，他还做过船夫、小龙虾养殖者和农民等。吉拉德拍摄了沼泽以及在沼泽中捕鱼、狩猎和生活的人。虽然吉拉德的作品充满创意，引人注目，而且常常令人惊讶，但他的摄影作品以强烈的文化感和历史感为背景呈现。他以浪漫主义的激情写出了居住在沼泽地的卡津人与景观的联系，在卡津渔夫和沼泽之间有一种无法解释的、近乎神秘的联系，希望看到、触摸到，甚至成为荒野本身的一部分，想要与大森林和谐共处。

吉拉德的作品颂扬了阿查法拉亚盆地的美丽，也充满了对它脆弱性和损失的惋惜。他最著名的两本书《阿查法拉亚之秋》第一卷和第二卷，引用这个季节来比喻当代路易斯安那州湿地濒临灭绝和消逝的状态。虽然他的摄影作品所附的文章经常为拯救阿查法拉亚盆地提供实用的建议和行动方案，但其作品的整体基调是悲伤的。正如吉拉德在《阿查法拉亚盆地的四季之光》中所说的那样：

"我在想，这个地方会不会一直存在？等我的小儿子到了我这个年纪，他还能在这里找到美丽和孤

独吗？他愿意吗？阿查法拉亚盆地会不会变成一个
垃圾场，水质污染严重，无法生产可食用的海鲜？
它会不会变得很拥挤，寻求荒野孤独的人不得不把
目光投向别处？"

　　吉拉德在作品中捕捉到了沼泽的美丽但不能阻止它
们消失。对于吉拉德来说，沼泽是历史，是文化，是一
个地区独特的生活方式，它的消失对摄影师来说既是文
化流失，也是强烈的个人情感的流失。正如他所感叹的
那样：

　　　　"对于我来说，这就像深深地爱上了一个人，但
　　她已经变了，而且正在以令人不安的方式改变。我
　　几年前在她身上发现的美丽和精神仍然存在，但她
　　的一些新特征让我难以接受。如果她继续改变，那
　　么剩下的将是我一个人，因为我无法让自己接受这
　　种转变。我记得太清楚了。我太沉迷于我们以前的
　　生活方式。"

　　当吉拉德捕捉到逐渐消逝的文化和生活方式时，摄
影师凯伦·格雷瑟捕捉到了沼泽不同寻常的、经常令人
迷惑的景象，这些景象突显了我们对土地和水景的陌生
感。格雷瑟主要在水下拍摄沼泽，呈现出"不折不扣的
混乱"，结合风光、纪实和街拍等摄影流派，将坦率的纪

实与空灵的异域风情融为一体。

　　格雷瑟的风格符合沼泽模糊性的基本特性，因为观看她拍摄的照片的人往往很难确定视角是来自陆地还是来自水下。格雷瑟从不对她的照片进行处理或修饰，她包容泥土、碎屑、沼泽水中的单宁酸和其他可能使其蒙上阴影的元素，并称这些元素为活生生的物质，它们为冲洗照片增添趣味，并通过反射、折射和弯曲光线以营造沼泽环境的复杂性。与西德尼·拉尼尔一样，格雷瑟在沼泽的模糊性中看到了无限的创造性与可能性。

　　虽然格雷瑟非常清楚地意识到美国和世界各地的湿

沼泽中的夕阳

地面临严重的生态危机，但她往往不会在作品中直接涉及生态和文化问题。最重要的是，格雷瑟希望向人们展示他们以前从未见过的东西，她相信，通过创作"诱人的"图像，她可以引起人们的思考，而不是告诉他们该怎么想。路易斯安那州本地人格雷格·吉拉德拍摄了一种逐渐衰败的生活方式和一个熟悉的地方，它的转变会让人感觉像失去亲人，格拉瑟则在寻找不寻常、陌生的、非传统的和超凡的水下图像。在这个意义上，格雷瑟让人联想到塞西格和米德尔顿等探险家，他们出于个人目的，在沼泽中寻找陌生的事物。

　　近年来，两个合作艺术装置捕捉到了世界湿地所面临的两种截然不同的反应。2010 年 4 月 20 日，"深水地平线"石油钻井平台在墨西哥湾发生爆炸，11 名工人直接死亡，开始了美国水域有史以来规模最大的漏油事件。有线新闻节目的观众在一百多天的时间里不断看到油污涌出的视频，而漏油事件对墨西哥湾和佛罗里达、路易斯安那等州的沿海沼泽地的影响无法计算。对于许多人来说，这次漏油事件是长期生态问题中最戏剧性的一次事件。2011 年，路易斯安那州的一群艺术家举办了一场展览，名为"催化剂：南路易斯安那州的艺术家们对墨西哥湾沿岸的石油危机做出的回应"。该展览包括黛比·弗莱明·卡弗里、艾莉森·斯图尔特、罗伯特·坦宁等艺术家的 80 多件作品。展览包括摄影、绘画、雕塑作品，甚至视频和表演作品，所有作品凝聚着一种愤怒

和紧迫感。展览的目的是引发一场关于环境、政治和社会方面的对话，内容涉及路易斯安那州湿地的退化、海产工业的破坏性影响以及南海湾石油产业历来的监管不力。

西本运河沿线的柏树桩和风信子，1985 年 11 月

　　展览的主题从渔民、采牡蛎的人到风景，再到针对墨西哥湾漏油事件重新演绎的经典作品。总的来说，展品从不同的角度表达了悲伤、愤怒、担忧，包含公开的政治声明和人文主义的愿景。策展人罗宾·沃利斯·阿特金森表示，希望观众能更加了解路易斯安那州南部和墨西哥湾沿岸的现状，这关系到英国石油公司灾难持续的湿地损失、监管不力的工业实践以及工业与环境之间的联系。

　　19世纪中期以来，随着人们对待自然和荒野的态度开始现代化，沼泽在大众的想象中发生了深刻的变化。沼泽作为旅游目的地和艺术主题，是审美空间，也是环境和政治行动的灵感来源。尽管认为沼泽是黑暗、可怕的地方的传统观念依然存在，但随着景观本身的变化，其令人担忧的和愤怒的形象仍在继续变化。

# 后记：沼泽未来

也许，任何一本关于沼泽的书的最后一章都不可避免地会倾向于挽歌式的表述。广义上讲，沼泽故事有一个明显的反转。沼泽从科卢梅拉时代的瘟疫泥潭，变成了因其未受污染的纯洁性而受到赞美和哀悼的湿地。它们已经从进步道路上的顽固障碍，变成了不可避免的受害者。它们已经从社会弃儿的避风港，变成了衰落又珍贵的文化留存的地方，但这些文化已经被现代化的力量削弱了。随着每一次转变，看待沼泽的旧方式与其说是被取代，不如说是被补充。

沼泽面临的现实威胁却无处不在，发人深省。人们必须小心翼翼地保护遗留的沼泽，以免让它们受到各种威胁，这些威胁从偷猎者对潘塔纳尔动物的掠夺，到工业化的影响。从澳大利亚的温吉卡瑞到佛罗里达大沼泽地，从奥卡万戈到大迪斯莫尔沼泽，世界各地的沼泽都面临着越来越多的来自人类和其他方面的威胁。

虽然人们的生态意识日益增强，许多国家和政府采取了保护湿地的措施，但自然和人类都在继续威胁着这

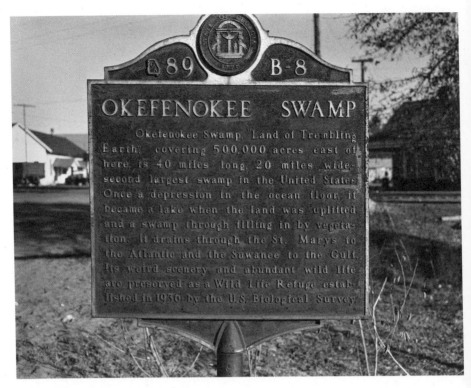

奥克菲诺基沼泽地的
历史标志

些曾经看似不可战胜的地方。深水地平线灾难和随后的
漏油事件只是人类活动威胁美国南部沿海沼泽地众多例
子中极为生动的一个；卡特里娜和丽塔等飓风以及来袭
频率越来越高的风暴是另一种威胁。自古以来，顽强的
自然与人类技术和工业进步之间存在着长期战争，而后
者却取得了巨大成功，因此许多生活在世界湿地上的濒
危物种发现自己的家园受到威胁。

　　对世界湿地累积损害的评估是可怕的，一些学者估
计，世界上大约 90% 的湿地已经被破坏或摧毁。殖民
时代以来，美国湿地面积已经减少了大约一半，20 世纪

90 年代中期，美国湿地总面积从 8 900 多万公顷减少到
4 100 多万公顷。甚至人们仍普遍认为巴布亚新几内亚等
地的沼泽是不为人知和不可逾越的地方，生活了几百年
甚至几千年而几乎没有变化的人类也面临着发展、森林
砍伐和气候变化对其家园和文化的威胁。

幸运的是，面对这种可怕的威胁，世界各地正在共
同努力，减缓、停止甚至扭转湿地的损害。在这些努力
中，最有力、最广泛的是《拉姆萨尔公约》，该公约是
1971 年在伊朗拉姆萨尔市通过并以该市命名的一项决议。
该公约的全称是《国际重要湿地公约》，它是世界各国政
府之间的约定，为保护和有效利用湿地及其资源提供了
框架。《拉姆萨尔公约》对湿地的定义很宽泛，包括沼泽、
草沼、湖泊、河流、蓄水层、泥炭地等多种类型，并在
160 多个国家和地区确定了 2 000 多个保护地。《拉姆萨
尔公约》的缔约国着眼于促进国际合作，确保全球可持
续性，努力有效地利用其所有的湿地，将合适的湿地列
入国际重要湿地名录，并确保对其进行有效管理，同时
在跨界湿地、共享湿地系统和共享物种方面开展国际合
作。世界各国政府以及私人组织为保护和维护湿地所做
的努力，对这一多国合作起到了补充作用。他们所面临
的阻力是巨大的：全球气候变化，来自石油和木材等行
业的压力，世界各地以牺牲湿地为代价刺激经济增长的
压力。在许多地方，多国在恢复以前消失的沼泽地方面
取得了一些成功。在其他许多地区，如路易斯安那州南

部，沿海沼泽正以每年约 65 至 90 平方千米的速度消失，湿地保护或恢复似乎是不可能的。

那么，在一个沼泽和沼泽文化迅速消失的世界里会发生什么呢？曾经不屈不挠的大自然正在妥协、缩小、消亡？

埃里克·威利在关于卡津沼泽之旅的文章中描述了旅行的后期，"整个荒野小说正在衰落"。威利说，旅游团从一开始就依赖于人们的质疑，质疑当代沼泽是否受到现实的困扰。石油工业的明显标志随处可见，管道、水泵、运输船、运河沿线张贴的警示牌，以及天然气井盖上错综复杂的金属结构，这些结构被称为"圣诞树"……游客认为沼泽是危险的荒野地带，必须解决濒危地区迫切需要保护的普遍现状。

当导游召唤的鳄鱼身上经常有船发动机螺旋桨留下的伤痕时，沼泽及其居民的脆弱性才得到强调。

沼泽居民受到推动文化变迁力量的威胁，而沼泽本身的不断减少又加剧了这种威胁。谢默斯·希尼以一种虚构的文化挖掘行为，寻找故乡沼泽地保存下来的、被掩埋的文化历史，但所有与沼泽相关的文化是否同样奄奄一息？即使是营销沼泽文化的企业，也往往是以一种怀旧的方式进行的。奥卡万戈沼泽旅游团的特色是布什曼人跳舞，他们的表演为客人带来乐趣；塞米诺尔旅游团自豪地重温了沼泽居民的过去，而一些国家则显然专注于 21 世纪的创业。"21 世纪初，我第一次研究沼泽旅

阿查法拉亚盆地

游行业时，我被卡津骄傲沼泽旅游网站上的一段话打动
了，后来这段话被删除了，这段话让游客有机会'将捕
猎者的小屋看作船长／导游告诉你卡津人的故事——他
们是谁，他们的起源、习惯、生活方式和其他有趣的历
史。'这段话采用了过去时，这让我迷惑不解，特别是在
一个名称本身就表明了文化自豪感的网站上。难道卡津
人已经消失了吗，他们的文化已经成为历史了吗？"

　　许多地方保留着狩猎或捕鱼营地或河口度假营，但很少有人真正生活在沼泽了。沼泽和其他旅游目的地会让卡津人回忆起过去和已经消失的传统。"……没有人再住在沼泽地里了，但这并不重要；这些目的地让人联想到路易斯安那州的异国情调，它们作为了解卡津人的方式，被广泛宣传。"埃斯曼认为，最终，整个南路易斯安那州成为一部旅游小说，需要靠旅游业和卡津人自己来维系。

　　由于沼泽在阿卡迪亚文化中仍然发挥着至关重要的作用，埃斯曼可能有点极端了。但很难否认，那些仍然生活在路易斯安那州沼泽地的人往往会有意识地、深思熟虑地选择去寻求符合其文化遗产和与迅速消失的过去相一致的生活方式。21世纪的卡津人特性必须受到积极保护。

　　无论实际的沼泽受到何种破坏，无论沼泽文化的概念如何古朴和衰败，当代沼泽的复杂性和受损性都继续激发着具有愤怒感、感染力和重大意义的艺术和文学发展。我们在前面的章节中已经看到了当代艺术中的沼泽，但似乎应该以两个当代作品的例子来结束，这两个例子直接涉及受损和消逝的当代沼泽。

　　2012年的电影《南方野兽》是当代沼泽的一个耐人寻味的例子。《南方野兽》广受赞誉，备受评论界推崇，又处于一些争议的中心，它展现了当代路易斯安那州沼泽社区的独特景象，将古老的典故与生态意识和类似魔

幻现实主义的神话相结合。影片主人公是一个名叫小玉
米饼的非裔美国小孩，由9岁的奎文赞妮·瓦利斯扮演，
她是路易斯安那州侯马市人，她的表演使她成为有史以
来最年轻的奥斯卡最佳女主角提名获得者。影片中小玉
米饼和她生病、酗酒的父亲以及一小群穷人住在名叫
"巴斯特普"的沿海社区，小玉米饼居住在一个人造的沼
泽地里，一座大坝将她与外面的世界隔绝开来。虽然贫
穷、孤独，但小玉米饼和她的父亲温克把"巴斯特普"
当成了天堂：

> "爸爸说，在堤坝上方，干燥的一侧，他们像害
> 怕水一样。他们建了一堵墙，把我们隔开了。他们
> 认为我们都会被淹死在这里。但我们哪儿也不去。
> 巴斯特普的假期比世界上其他地方都要多……爸爸
> 总是说，在干涸的世界里，他们没有我们的节日。
> 他们一年只有一次假期。他们的鱼卡在塑料包装袋
> 里。他们的孩子被装在背带里。"

小玉米饼的描述引用了一系列沼泽典故：沼泽居民
与主流文化相隔，在这种情况下，他们被一堵墙隔开
了。他们是自由的，与大自然亲密接触。他们隐晦地反
对资本主义，拒绝吃"塑料包装袋里的鱼"和"棍子上
的鸡"。而且，自殖民时代起，美国人就抱怨沼泽居民
的懒惰。他们有"比世界其他地方更多的假期"，这句

话就是对这种抱怨更肯定的呼应。也许最重要的是，他们与自然的联系远远超过了陆地居民——小玉米饼能听到各种动物的心跳，甚至与那些在大风暴之后从融化的极地冰层中回来的动物有着一种直观的联系，而这些动物有可能摧毁"巴斯特普"，她说，"我们就是地球的主人"。

这部电影既是生态评论片，也是原始主义的神话寓言。它既展示了气候变化对全球的大规模影响，也展示了"巴斯特普"的受害情况，巴斯特普被与卡特里娜飓风类似的暴风雨摧毁，直到温克轰炸堤坝放水。它还把巴斯特普的居民和野兽联系起来。温克用一种粗犷的方式对待小玉米饼，教她自力更生，有时酒后会吓唬她。小玉米饼说自己有了兽性，在居民的欢呼声中，她了从螃蟹身上撕下肉，居民们高呼着"野兽！野兽！"。这部电影浪漫化的原始主义达到了顶峰，小玉米饼面对巨大的、凶险的、史前的西欧野牛时称："你是我的朋友，算是吧。"巴斯特普的居民因为安全问题而被迫搬离，他们被带到联邦应急管理局的避难所。

大多数观众和影评人被这部电影迷住了。《纽约时报》影评人诺拉·达吉斯称赞它"无论是在视觉上还是在情感上，都美得令人难忘"。虽然兽性的联系代表了一种原始的、野蛮的美，但它们有可能落入本质主义的陷阱，这种陷阱困扰着众多沼泽居民。作家兼评论家贝尔·胡克斯对这部获得了绝大多数评论家好评的电影提出了最

鸟儿飞过沼泽

严厉的批评，将其解读为达尔文式的生存主义叙事，带有暴力和堕落的潜台词，而这部电影的神话故事掩盖了或重新诠释了这种暴力和堕落，她称其为"对现代原始主义荒唐可笑的幻想"。无论我们把这部电影理解为当代寓言，还是有缺陷的原始主义剥削，或者是介于两者之间的影片，它都代表了当代沼泽的后现代愿景，即把纯粹的野性和人类的工作结合在一起。几代人的沼泽典故与及时（也是永恒）的生态意识和评论结合，演绎了 21 世纪独特的沼泽故事。

　　卡伦·罗素 2011 年的小说《沼泽地！》中提到了沼泽引人注目之处。虽然《沼泽地！》在语气和重点上与《南方野兽》明显不同，但它也是对古老沼泽典故的后现代演绎和修正，并结合了对后现代沼泽独特环境的敏锐意识。这部小说演绎了人们期待的沼泽形象。它以一个狂欢节表演者的家庭为中心，讲述了他们在佛罗里达沼泽主题公园里与鳄鱼一起游泳和摔跤的故事。正如我们所期望的那样，这个家庭代表了一种与自然和环境的联系，也代表了一种真实性。长期以来，这个家庭一直以虚假的印度传统为节目的卖点，这让这种真实性变得复杂起来。此外，虽然大树家族是在相对孤立的佛罗里达州沿海沼泽中成长起来的，但他们并不反对资本主义，毕竟小说主要描写的是他们的生财之道，为游客推销沼泽景点。和《南方野兽》一样，小说给我们提供了一个人造沼泽，但在这里，创造沼泽的不是堤坝和因气候变化而上升的水位，而是由相互竞争的利益集团所打造和营销的沼泽，每个利益集团都向外人推销一个包装好的沼泽故事。

罗素的沼泽，就像《南方野兽》中的沼泽一样，是新旧不同线索和元素的结合。有时，它们看起来既危险

夕阳下的沼泽

卡津的沼泽日落

又神秘，充满了近乎超自然的威胁。罗素的沼泽很明显
是后工业时代的产物。沼泽充满了茶树，到处都是过去
和现在石油勘探的痕迹，供游客消费。沼泽是神奇的、
神秘的、未知的，被入侵的、被威胁的、被开发的、被
商品化的，无论是事实的还是虚构的，罗素小说中的沼
泽几乎融合了它所有的面孔。罗素在小说中呈现的沼泽
本身就是一个流派的混合体，融合了教育、哥特式、魔
幻现实主义、幽默等元素。

　　沼泽也许比其他自然景观更紧密、更有力地反映了
人类对自然本身的态度。即使在今天，只要有互联网，
人们就能看到地球上绝大多数地方的卫星照片，沼泽仍
然能够让我们感到恐惧，让我们着迷，激励我们，感动
我们。从肮脏的沼泽和病态的沼泽，到伊甸园式的花园
和充满挑战的边界，再到最后因其对生态平衡和人类福

祉的重要性而被承认的濒危湿地，沼泽在过去的岁月中不断发生变化，每次变化都在大众的想象中保留了一些以前的形象。沼泽是一个融合的地方，现实和神话融合在一起，使其具有独特且不可磨灭的意义。